设计类研究生设计理论参考丛书

德国现代设计教育概述

——从 20 世纪至 21 世纪初

Overview of Modern Design Education in Germany
——From the 20th Century to the Early 21st Century

姚民义　编著

中国建筑工业出版社

图书在版编目（CIP）数据

德国现代设计教育概述——从20世纪至21世纪初/姚民义编著.—北京：
中国建筑工业出版社，2013.1
（设计类研究生设计理论参考丛书）
ISBN 978-7-112-15128-8

Ⅰ.①德… Ⅱ.①姚… Ⅲ.①工业设计－教育思想－研究 Ⅳ.①TB47-4

中国版本图书馆 CIP 数据核字（2013）第 031041 号

责任编辑：吴　佳　李东禧
责任设计：陈　旭
责任校对：陈晶晶　刘梦然

设计类研究生设计理论参考丛书
德国现代设计教育概述
——从20世纪至21世纪初
姚民义　编著

*

中国建筑工业出版社出版、发行(北京西郊百万庄)
各地新华书店、建筑书店经销
北京嘉泰利德公司制版
北京云浩印刷有限责任公司印刷

*

开本：787×1092毫米　1/16　印张：9　插页：2　字数：200千字
2013年6月第一版　2013年6月第一次印刷
定价：35.00元
ISBN 978-7-112-15128-8
（23203）

设计类研究生设计理论参考丛书编委会

编委会主任：

鲁晓波（清华大学美术学院院长、教授、博士研究生导师，中国美术家协会工业设计艺术委员会副主任）

编委会副主任：

陈汗青（武汉理工大学艺术与设计学院教授、博士研究生导师，中国美术家协会工业设计艺术委员会委员，教育部艺术硕士学位教育委员会委员）

总主编：

江　滨（中国美术学院建筑学院博士，华南师范大学美术学院环境艺术设计系主任、教授、硕士研究生导师）

编委会委员：(排名不分先后)

王国梁（中国美术学院建筑学院教授、博士研究生导师）

田　青（清华大学美术学院教授、博士研究生导师）

林乐成（清华大学美术学院教授、工艺美术系主任，中国工艺美术学会常务理事，中国美术家协会服装设计艺术委员会委员）

赵　农（西安美术学院美术史论系教授、系主任、博士研究生导师、图书馆馆长，中国美术家协会理论委员会委员，中国工艺美术学会理论委员会常务委员）

杨先艺（武汉理工大学艺术与设计学院设计学系主任、博士、教授、博士研究生导师，中国工艺美术学会理论委员会常务委员）

序　言

美国洛杉矶艺术中心设计学院终身教授　王受之

中国的现代设计教育应该是从 20 世纪 70 年代末就开始了，到 20 世纪 80 年代初期，出现了比较有声有色的局面。我自己是 1982 年开始投身设计史论工作的，应该说是刚刚赶上需要史论研究的好机会，在需要的时候做了需要的工作，算是国内比较早把西方现代设计史理清楚的人之一。我当时的工作，仅仅是两方面：第一是大声疾呼设计对国民经济发展的重要作用，美术学院里的工艺美术教育体制应该朝符合经济发展的设计教育转化；第二是用比较通俗的方法（包括在全国各个院校讲学和出版史论著作两方面），给国内设计界讲清楚现代设计是怎么一回事。因此我一直认为，自己其实并没有真正达到"史论研究"的层面，仅仅是做了史论普及的工作。

特别是在 20 世纪 90 年代末期以来，在制造业迅速发展后对设计人才需求大增的就业市场驱动下，高等艺术设计教育迅速扩张。在进入 21 世纪后的今天，中国已经成为全球规模最大的高等艺术设计教育大国。据初步统计：中国目前设有设计专业（包括艺术设计、工业设计、建筑设计、服装设计等）的高校（包括高职高专）超过 1000 所，保守一点估计每年招生人数已达数十万人，设计类专业已经成为中国高校发展最热门的专业之一。单从数字上看，中国设计教育在近 10 多年来的发展真够迅猛的。在中国的高等教育体系中，目前几乎所有的高校（无论是综合性大学、理工大学、农林大学、师范大学，甚至包括地质与财经大学）都纷纷开设了艺术设计专业，艺术设计一时突然成为国内的最热门专业之一。但是，与西方发达国家同类学院不同的是，中国的设计教育是在社会经济高速发展与转型的历史背景下发展起来的，面临的问题与困难非常具有中国特色。无论是生源、师资，还是教学设施或教学体系，中国的设计教育至今还是处于发展的初级阶段，远未真正成型与成熟。正如有的国外学者批评的那样："刚出校门就已无法适应全球化经济浪潮对现代设计人员的要求，更遑论去担当设计教学之重任。"可见问题的严重性。

还有一些令人担忧的问题，教育质量亟待提高，许多研究生和本科生一样愿意做设计项目赚钱，而不愿意做设计历史和理论研究。一些设计院校居然没有设置必要的现代艺术史、现代设计史课程，甚至不开设设计理论课程，有些省份就基本没有现代设计史论方面合格的老师。现代设计体系进入中国刚刚 30 年，这之前，设计仅仅基于工艺美术理论。到目前为止只有少数院校刚刚建立了现代概念的设计史论系。另外，设计行业浮躁，导致极少有人愿意从事设计史论研究，致使目前还没有系统的针对设计类研究生的设计史论丛书。

现代设计理论是在研究设计竞争规律和资源分布环境的设计活动中发展起来的，方便信息传递和分布资源继承利用以提高竞争力是研究的核心。设计理论的研究不是设计方法的研究，也不是设计方法的汇总研究，而是统帅整个设计过程基本规律的研究。另外，设计是一个由诸多要素构成的复杂过程，不能仅仅从某一个片段或方面去研究，因此设计理论体系要求系统性、完整性。

先后毕业于清华大学美术学院和中国美术学院建筑学院的江滨博士是我的学生，曾跟随我系统学习设计史论和研究方法，现任国家 211 重点大学华南师范大学教授、硕士研究生导师，环境艺术设计系主任。最近他跟我联系商讨，由他担任主编，组织国内主要设计院校设计教育专家编写，并由中国建筑工业出版社出版的一套设计丛书：《设计类研究生设计理论参考丛书》。当时我在美国，看了他提供的资料，我首先表示支持并给予指导。

研究生终极教学方向是跟着导师研究项目走的，没有规定的"制式教材"，但是，研究生一、二年级的研究基础课教学是有参考教材的，而且必须提供大量的专业研究必读书目和专业研究参考书目给学生。这正是《设计类研究生设计理论参考丛书》策划推出的现实基础。另外，我们在策划设计本套丛书时，就考虑到它的研究型和普适性或资料性，也就是说，既要有研究深度，又要起码适合本专业的所有研究生阅读，比如《中国当代室内设计史》就适合所有环境艺术设计专业的研究生使用；《设计经济学》是属于最新研究成果，目前，还没有这方面的专著，但是它适合所有设计类专业的研究生使用；有些属于资料性工具书，比如《中外设计文献导读》，适合所有设计类研究生使用。

设计丛书在过去 30 多年中，曾经有多次的尝试，但是都不尽理想，也尚没有针对研究生的设计理论丛书。江滨这一次给我提供了一整套设计理论丛书的计划，并表示会在以后修订时不断补充、丰富其内容和种类。对于作者们的这个努力和尝试，我认为很有创意。国内设计教育存在很多问题，但是总要有人一点一滴地去做工作以图改善，这对国家的设计教育工作起到一个正面的促进。

　　我有幸参与了我国早期的现代设计教育改革，数数都快30年了。对国内的设计教育，我始终是有感情的，也有一种责任和义务。这套丛书里面，有几个作者是我曾经教授过的学生，看到他们不断进步并对社会有所担当，深感欣慰，并有责任和义务继续对他们鼎力支持，也祝愿他们成功。真心希望我们的设计教育能够真正的进步，走上正轨。为国家的经济发展、文化发展服务。

目　录

第1章　德国现代设计教育思潮综述

如果说人类社会的一切事物都是相互关联而产生的话，那么，设计教育当然也不例外。在设计教育领域的所有事情中均会存在着特定的语境，一些事情关联着另外一些事情，一些事情影响着另外一些事情的同时又会被其他一些事情所影响。当一个国家在经济发展到一定程度时，设计教育便应运而生。德国在 1919 年初，美国在 20 世纪 30 年代中期，日本在 1950 年前后兴起的设计教育机构，都是与这些国家的经济发展相同步的（中国在 20 世纪 80 年代改革开放以来也有着同样的境遇）。从某种程度上看，一个国家的经济和文化发展水平，可以从这个国家的设计教育水平上折射出来。设计直接为国民经济服务，国家经济的进一步发展，与设计教育的深远影响和促进作用是分不开的。在此方面，德国于两次世界大战后均能在 10 年左右产生经济高速发展的奇迹，相继与包豪斯和乌尔姆设计学院开展设计教育所形成的先进设计观念有着直接关系。

德国是现代设计诞生的主要国家之一，长期以来，德国的设计在国际设计领域占有举足轻重的地位，德国设计一直影响着世界设计的发展，德国的设计理论也影响到世界的设计理论形成，德国的设计教育方法被多数国家的艺术设计院校视为楷模，德国人对于设计的理性原则，以及对于设计的目的性之立场，使德国的现代设计具有最为完整的思想和技术结构。[①] 通过对德国设计及设计教育发展过程的梳理和研讨，可以从中找到许多世界现代设计发展的规律和趋向，同时也能够发现许多潜在的问题。本书力图从德国第一次世界大战前后及第二次世界大战前后重建设计教育的发展轨迹中，探讨其教育思想在德国经济、社会、文化变革思潮中的特殊位置。比如，两次世界大战前后之设计教育中的有些思想本不源发于德国，但经过国际间的交流与传播，很多设计思想却在德国扎根、壮大，直至又散播于世界各地。包豪斯和乌尔姆设计学院正是体现这一特色的最好代表，乌尔姆设计学院包含了当时西方设计界在第二次世界大战后对设计理论、实践和问题探索的整体轨迹。历史鉴照着未来的方向，也给后人提供了面对问题的勇气。[②] 作为断代史的研究，德国设计教育的历史本身只有一百多年，但是如果不放在德国近现代发展史

---

① 王受之，《世界现代设计史》，（北京：中国青年出版社，2002），第 278 页。
② 徐昊，《乌尔姆设计教育思想研究》，中央美术学院博士学位论文，2010 年。

的较长时期的框架之下，我们就无法看清它的全貌，对其思想的来源与影响就无法做到全面而审慎的考量。如当我们把目光集中在人、事件和思想上时，产生的肤浅认识及印象往往就是穆特修斯、格罗皮乌斯、包豪斯催生了设计上的标准化、机器美学、现代主义风格与社会民主主义思想。其实我们应该在更广泛与深远的社会语境中去寻找，是什么样的物质基础造就了他们。这样的观点也就是布罗代尔的史学观[①]，人们现实的物质生活、各种各样的生产与形形色色的交换才是最有力量的暗流，也正是这些暗流的涌动、撞击才生成了作为浪花的历史事件、运动与人物、思想。[②]人们通常会把包豪斯认定为现代设计的起源，而在事实上，早在德意志制造联盟，以及贝伦斯、密斯、格罗皮乌斯等人在德国达姆施塔特（Darmstadt）建立了"艺术家聚居区"（Kunst Kolonie）、在斯图加特（Stuttgart）住宅博览会上的"单元住宅"以及在汉诺威的法古斯鞋楦厂设计的工厂大楼等建筑设计实践都早于包豪斯，1919年成立的包豪斯是结果，而非开端，作为历史的浪花而出现的包豪斯，有着之前长达近百年的社会、经济、文化、工业的暗流涌动。

1.1　20世纪德国现代设计教育发展的简要回顾

工业革命是资本主义生产从手工工场阶段向大机器工业阶段的过渡，工业革命是生产技术的根本变革，同时又是一场剧烈的社会关系的变革，因而，工业革命打开了一个新的维度——科学和技术通过机械化进入人们的日常生活与工作。随着社会的富足和大众化消费的需要，商业得到很大发展，设计成了工业过程劳动分工中的一个重要专业和日常生活中的一项重要内容，因此，设计的思潮发生转变。在整个19世纪，机械化一直是人们讨论设计理论与实践问题的焦点。人们一方面为机制产品寻求一种合适的美感，另一方面也在思考机器对社会各方面所带来的影响。在对机器作用的回应中，出现了诸多设计理念和设计改革运动（包括英国工艺美术运动、德意志制造联盟、包豪斯等）都是试图在工业化生产体系与设计师的个性，以及艺术与技术之间寻找一种平衡和联合。经过英国工艺美术运动、新艺术运动和德意志制造联盟等先驱们的相继努力，艺术与工业的关系在包豪斯时期得到了较为理想的定位，"艺术与技术的新统一"具有划时代意义，开启了现代主义设计运动的先河。它不仅力图改革现代社会的物质外观，并且致力于改造人们的生活方式。

---

① 法国历史学家费尔南德·布罗代尔（Fernand Braudel，1902—1985）认为历史时间可以分为长时段、中时段和短时段。这三种时段处在历史运动的不同层次，有着各自不同的特征和作用。研究总体的历史，就不能仅仅停留在政治、军事和外交等层面的短时段，而要重视经济社会文明等层面的中时段，更要重视地理环境等层面的长时段。短时段可以称为个人时间，是转瞬即逝的时间，短时段的历史也就是事件的历史；中时段可称为社会时间，也是局势的历史；长时段可称为地理时间，是一种缓慢流逝、有时接近于静止的时间。对社会历史发展起决定性作用的是长时段历史，只有在长时段中才能把握和解释一切历史。

② 清华大学美术学院中国艺术设计教育发展策略研究课题组，《中国艺术设计教育发展策略研究》，清华大学出版社2010年版，第342页。

图 1-1　德绍包豪斯校舍，1925 年

　　1919 年 4 月 1 日，德国一批现代主义的建筑师和几个表现主义画家建立了包豪斯设计学院（图 1-1）。这所学院起初在办学宗旨上强调的还是 50 年前英国工艺美术运动所坚持手工艺的内容，但其随后进行的则是史无前例的设计教育大改革。它第一次将各艺术门类在教学上相互打通，学生可以自由选择自己专业以外的课程，并且从教学观念上，它第一次将设计提升到与传统艺术同样的高度。它的重大意义在于：第一，建立了基于科学基础上的新教育体系，强调科学的、理性的和逻辑的工作方法和艺术表现的结合；第二，强调集体协作的工作方式，用以打破艺术教育的个人主义门户范围，为企业工作奠定基础；第三，强调标准化，用以改造艺术教育造成的漫不经心的自由化和非标准化；第四，把在设计上一向流于外观装饰的教育重心转移到解决问题上去，有机处理功能与形式的关系，为现代设计树立了切实可行的原则；第五，开创了各种工作坊，依据实验场地实习所获得的手工艺训练，目的在于要求学生掌握一切工业生产所必需的基础知识与技能；第六，创造了基础课，从而建造了现代设计教育的基本构架。

　　包豪斯的建立，标志着德国人对现代设计认识的进一步深化并日趋成熟。包豪斯建校 14 年，共培养学生 1200 多名，并出版了设计教育丛书一套共 14 本。在这 14 年中，包豪斯的师生们设计制作了一批对后来有着深远影响的作品与产品，并培养出一批世界一流的设计家，其办学理念与课程设置被世界多数艺术院校借鉴且沿用至今，被称为"现代设计的摇篮"和"设计教育的里程碑"。

　　包豪斯的教育理念给现代设计与教育奠定了坚实的基础。1933 年包豪斯被迫关闭之后，大批包豪斯教员与学生逃亡到美国避难，把现代设计的整套体系及先进的设计教育模式从德国带到了美国，开始为美国培养本土的设计人才，从理论与实践两方面提升了美国现代设计水平：格罗皮乌斯在哈佛大学担任设计研究院院长 30 年；密斯在伊利诺伊理工学院建筑系担任系主任 30 年；莫霍利·纳吉在芝加哥建立了"新包豪斯"（芝加哥设计学院，之后并入伊利诺伊理工学院）；阿尔伯斯在北卡罗来纳州的黑山大学和耶鲁大学艺术设计系主持平面设计教育。这些人的贡献在于推广了德国人的设计体系，把现代主义设计经由美国推广到世界各地，成为国际标准的设计教育体系之一。现代主义在欧洲的包豪斯那里，还带着强烈的社会主义民主运动色彩，旨在把设计的服务方向从为上层社会服务转向为社会大众服务，而现代主义到了美国之后，因为社会环境的不同，现代主义不再具有政治性，更以形式为结果。现代主义迅速与产业领域相结合，这主要体现在了工业产品的各个方面。在设计风格上，具有形式简单、反装饰性、强调功能、高度理性化、系统化和理性化的特点。在设计实践中，美国设计终于在第二次世界大战前后回归到了沙利文于半个世纪之前提出来的"形式服从功能"的理念。当初传入美国的国际主义风格也真正的成了国际主义风格，在西方各国甚至东方的日本等地方受到了追随。

第二次世界大战后的设计教育走向了多元化。德国人开始重新振作自身的设计事业和设计教育事业，这种愿望的背景是复杂的，一方面，德国人希望能够通过严格的设计教育来提高德国产品的设计水平，为振兴德国战后凋敝的国民经济服务，另一方面，则出于他们感伤于德国兴起的现代主义设计在第二次世界大战之后的美国已经造成了与其初衷不同的变化，原本设计应该首先考虑为国民的利益服务，而不仅仅是商业利益，为大众而设计的宗旨到美国以后却产生了质的变化，致使现代主义设计思想成为流行的"国际主义"风格，成为了商业营销工具。为此，德国设计界的一些精英人物痛感设计事业的原则被美国商业市场所篡改，因而有必要重新建立包豪斯式的试验中心，以严肃的包豪斯设计体系来扭转被美国的商业主义设计歪曲了的现代主义设计，把设计作为一门人文学科进行系统地研究，把成果传授给下一代的设计师，从而达到提高德意志民族和德国物质文明总体水准的目的，因此，经过他们的努力，终于在1953年建立了欧洲第二次世界大战后最重要的设计学院——乌尔姆设计学院（图 1-2）。乌尔姆设计学院较之包豪斯对现代设计理论和方法的科学系统性有着更大的贡献。

乌尔姆很早就接受了工业化世界这一现实，并使之与自己的教学活动及设计实践联系起来，这种密切的联系促进了产品设计的发展。后期的乌尔姆设计观念扩展到产品设计的许多领域及大众传媒和大批量生产之中，在设计与社会实践的结合方面获得了真正的成功，它对现代工业设计在 20 世纪后期的发展具有重大影响。但若从现实情况来看，乌尔姆的试验其实与当时社会的具体情况之间有很大差距，乌尔姆所体现的是一种战后工业化时期知识分子式的新理想主义，它虽然具有非常合理的内容，但是由于过于强调技术因素、工业化特征、科学的设计程序，因而没有考虑甚至是忽视人的基本心理需求，设计风格冷漠、缺乏人格、缺乏个性、单调。

乌尔姆模式的较大贡献在于建立了面向现代制造业需求的设计教育体系，体现在科学系统的课程体系与设计方法学的应用上。乌尔姆建立了从基础技能

图 1-2　乌尔姆设计学院，1955 年

训练、理论研究到设计实践等完备的课程体系，而其中又以实验性和跨学科性为其模式的显著特点。乌尔姆致力于开拓新的设计领域，例如1961年由布鲁斯·艾舍（Bruce Archer）提出的设计方法论。设计方法论是将产品设计视为工程设计的统筹理论，试图论证科学的实验和分析能够有助于设计的合理性。其重要性在于为实施和保证设计的结果提供了可靠依据，并导致了设计主题的可传达性和适于教学性。乌尔姆的设计教学在1956年以后开始朝着一个清晰的方向发展，除了色彩、形态等传统造型方面的课程，还设立了哲学、信息美学、符号学、工学、数学、控制论及许多基础科学与人文科学方面的课程。这种教育构想远远超出了传统欧洲工艺美术学校的范畴，将设计搭建成为横跨各种科学的"综合造型科学"，乃至"综合人类学"。意在给设计师灌输一个新的、更加谦逊和谨慎的角色定位，以培养未来的设计者具有合作精神和良好的协作能力。1955年至1956年的《乌尔姆简章》上明确提出："发展一件大量生产的产品，与设计一件手工艺品有不同的要求。设计师必须深入研究技术的实际状况，熟悉生产过程，并且持续地与技术人员、经济学家及使用者保持联系。"乌尔姆的视觉传达系同样是建立在一套新的哲学上的，其现代性体现在对平面设计的重新理解上，认为视觉语言首先是准确、清晰地传达咨询的媒介，而不是形式自律的商业艺术。在教学中，注重培养学生对视觉造型语言建立整体的意识。同时创造性地吸纳了符号学等最新理论成果作为设计教学的参考，旨在帮助学生更系统、更理性地分析造型语言的不同层面，从而掌握解决各种实际问题的有效手段。1955年的《乌尔姆简章》中写道："人之间的相互理解，现在主要还是透过图式的信息发生的。例如经由相片、海报、符号，让这类信息具有合乎其功能的形式，并且为此创造出符合我们时代需求的方法，是视觉传达系的目标。"乌尔姆提出，易读且具效能的字体是尝试去适应人的书写与阅读习惯，而不是让字母排列得更加好看。这种现代性的视觉观念促成了1955—1960年间布劳恩公司的视觉形象在乌尔姆的形成。艾舍与汉斯·古格洛特（Hans Gugelot）领导的工作小组为法兰克福布劳恩公司的新企业识别拟定出了基本的特征，其中包含了企业对社会、对客户的态度，并通过其产品、展览、图像、广告、语言及建筑的统一风格得到了清晰有效地传达。由此，设计教育与企业生产合作的模式和经验通过乌尔姆与布劳恩的关联而得以传播。这些专业教学目标和课程的设置，体现了乌尔姆强调理性、科学性和现代性的教育方针以及培养适应工业社会和媒体时代的新型设计人才的目标。

乌尔姆设计学院的最大贡献，在于它完全把现代设计（包括工业产品设计、建筑设计、室内设计、平面设计等）从以前似是而非的艺术、技术之间的摆动立场，坚决地、完全地移到科学技术的基础上来，坚定地从科学技术方向来培养设计人员，设计在这所学院内成为单纯的工科学科。

乌尔姆设计学院的目的是培养工业产品设计师和其他现代设计师，提高工业产品设计、建筑设计、平面设计等的总体水平。它首先从工业产品设计上开始进行教学改革试验，很快就扩展到平面设计和其他视觉设计范畴中。乌尔姆

图 1-3　multiquick 榨汁机，布劳恩出品，2012 年（左）
图 1-4　布劳恩公司德国某专卖店一侧，1999 年（右）

创立的视觉传达设计，是一个包含版面设计、平面设计、电影设计、摄影等许多与设计相关科目的学科，学院对于视觉传达设计从科学性方面着手，把它变成一个极为科学、相当严格的学科。通过乌尔姆学院的努力，一种完全崭新的视觉系统——包括字体、图形、色彩计划、图表、电子显示终端界面等被发展出来，成为世界各个国家仿效的模式。

乌尔姆最有影响的社会实践是与德国布劳恩公司（Braun，又译作博朗或百灵，是德国最大的电器企业之一）的成功合作。布劳恩公司设计生产了大量优秀产品，并建立了公司产品设计的三个一般性原则，即秩序的法则、和谐的法则和经济的法则。在他们的设计中，通过把纷乱的现象予以秩序化和规范化，将产品造型归纳为有序的、可组合的几何形态设计模式、取得广种均施、简练和单纯化的逻辑效果（图 1-3）。从此布劳恩公司不断发展，成了世界上生产家用电器的重要厂家之一（图 1-4）。伴随着 20 世纪 60 年代德国生产力的提高，发达的工业体系为现代设计的发展奠定了基础。乌尔姆的工业化发展思路与理性主义的设计导向，使得它与企业的合作如鱼得水。20 世纪 60 年代与布劳恩公司的合作进一步确立了乌尔姆在设计教育方面的影响和地位，建立了战后德国现代设计发展的基本模式，同时也为德国产品质量的提高和国际地位的取得奠定了基础。就此，乌尔姆便将战前欧洲理想化的设计原则与战后美国以消费为主导的设计联系了起来；将战前个人的艺术创作与战后以工商业利益为主导的团队设计联系起来；使设计与企业的经济利益和使用者的需求密切相关；通过研发、协调、控制等一系列手段与企业全面联合，从而在最大限度上实现了设计文化与商业的和解。[①]

德国设计史上的另一里程碑是系统设计方法的传播与推广，这在很大程度上也应归功于乌尔姆设计学院所开创的设计科学。系统设计的基本概念是以系统思维为基础的，目的在于给予纷乱的世界以秩序，将客观事物置于相互影响和相互制约的关系中，并通过系统设计使标准化生产与多样化的选择结合起来，以满足不同的需要。系统设计不仅要求功能上的连续性，而且要求有简便的和可组合的基本形态，这就加强了设计中几何化，特别是直角化的趋势。

乌尔姆的设计哲学在德国具有很大的影响力。人们从德国产品中处处可以看到这种新功能主义、新理性主义、减少主义的特征，虽然该学院在 1968 年

① 高璐，《从包豪斯遗产到乌尔姆模式——乌尔姆与包豪斯关系的再思考》，载《装饰》，2009 年 12 期。

图1-5　路易吉·克拉尼，
2003年（左）
图1-6　克拉尼设计的跑
车，1980年（右）

因为财政问题关闭，但是它的影响却反而越来越大。不少学生和教员都成为大企业的设计骨干，他们把学院的哲学带到设计的具体实践中去。德国在第二次世界大战后的现代设计发展，为世界各国的设计提供了非常宝贵的观念和理论依据，同时也影响了欧美及日本等国。

20世纪60年代以来，西德经济进入高度成熟阶段，成为了发达的工业国家。从此，西德设计终于放弃了与传统风格及手工艺的关联，而走向完全的现代时期。德国工业的发展，使设计也成为一个庞大的行业，出现了多数的设计协会、设计研究所和设计院校，提高了德国整体设计水准。

德国在20世纪60年代以来设计观念的发展上，走着两种模式并存的发展道路。首先是理性观念普遍存在，在设计上强调秩序和逻辑，相信科学的方法是最优的方法；其次的观念是社会伦理的观点，把重心放在设计可能造成的社会后果上，注重研究设计伦理的、社会的因果关系，强调设计必须造成良性的社会结果，而单纯实行理性主义的设计观念会造成不完整的设计面貌，则是不负责任的。

路易吉·克拉尼（1928—）（图1-5）自20世纪60年代起一直扮演着外来者的角色，在巴黎进修空气动力学之后，他开始将有机动态设计原则广泛应用到产品上，包括家具、汽车和电器产品（图1-6）。他把自己看作是德国功能主义设计的反叛者，并且只在亚洲获得了承认。[1]

德国的企业在20世纪80年代以来面临国际市场的激烈竞争。德国的设计虽然具有高端品质，但在以美国"有计划的废止制度"为中心的消费主义设计原则造成的日新月异的新形式产品面前，则显得刻板、冷漠、单一和乏味。因此，出现了一些新的独立设计事务所，以为企业提供能够与美国、日本这些高度商业化国家的设计进行竞争的服务。其中最显著的一家设计公司是青蛙设计（Frog Design），这个公司发挥形式主义的力量，设计出各种非常新潮的产品来（图1-7），形成了位于功能主义简约派和后现代主义随意派之间的一种折中的设计风格，为德国的设计提出了新的发展方向。20世纪80年代以后，德国的青蛙设计公司成为国际设计界最负盛名的设计公司，是德国在后工业社

---

[1]（德）伯恩哈德·E·布尔德克，《产品设计——历史、理论与实务》，胡飞译，（北京：中国建筑工业出版社，2007），第80页。

图 1–7 迪斯尼儿童电脑与
打印机，青蛙设计，1998 年

会信息时代工业设计的杰出代表。作为一家大型的综合性国际设计公司，青蛙设计以其前卫，甚至未来派的风格不断创造出新颖、奇特，充满情趣的产品。青蛙公司聚集了一群来自不同学科领域的专家，如设计、机械工程、材料和媒体等各方面，通常以群体合作的方式工作，同时尽可能地发挥个人的作用，目标是创造最具综合性的成果。1984年青蛙公司为苹果设计的苹果 II 型计算机出现在《时代》周刊的封面，被评为年度最佳设计。从此，青蛙公司几乎与美国所有重要的高科技公司都有成功的合作，其设计被广为展览、出版，并成了荣获美国设计奖最多的设计公司之一。青蛙公司的设计既保持了德国传统的严谨和简练，又带有后现代主义的新奇、怪诞、艳丽，甚至嬉戏般的特色，在设计界独树一帜，在很大程度上改变了 20 世纪末的设计潮流。公司的业务遍及世界各地，包括 AEG、苹果、柯达、索尼、奥林巴斯等跨国公司。青蛙公司的设计范围非常广泛，包括家具、交通工具、玩具、家用电器、展览、广告等，但在 20 世纪 90 年代以来该公司最重要的领域是计算机及相关的电子产品，并取得了极大的成功，特别是青蛙的美国事务所，成了美国高技术产品的设计最有影响的设计机构。青蛙公司的创始人艾斯林格（Hartmut Esslinger）也因此在 1990 年荣登商业周刊的封面，这是自罗维 1947 年作为《时代》周刊封面人物以来设计师再次获得的殊荣。青蛙的设计哲学是"形式追随情感"（Form Follows Emotion），因此许多青蛙的设计都有一种欢快、幽默的情调，令人爱不释手。艾斯林格曾说："设计的目的是创造更为人性化的环境"。青蛙的设计原则是跨越技术与美学的局限，以文化、情感和实用性来定义产品。[1]对于青蛙设计的这种探索，德国设计理论界是有很大争议的，其中比较多的人认为：虽然青蛙设计具有前卫和新潮的特点，但是，它是商业味道浓厚的美国式设计的影响产物，或者受到前卫的、反潮流的意大利设计的影响，因此，青蛙设计不是德国的，不能代表德国设计的核心和实质。[2]这个问题依然在争论之中，但有一点可以肯定的是青蛙公司在商业上是成功的。随着商业化进程的加快，部分德国公司开始采用一种折中的方法来解决这种矛盾：一方面以德国式的理性主义为欧洲和本国市场设计工业产品；另一方面以国际主义的、前卫的、商业的原则为广泛的国际市场设计工业产品。

另外，德国工业设计的管理方法和组织形式等对各国的工业设计工作更有参考价值。如柏林国际设计中心，该设计中心成立于 1967 年，采用会员制形

---

① 王震亚，李月恩，《设计概论》，（北京：国防工业出版社，2007），第 65 页。
② 王受之，《世界现代设计史》，（北京：中国青年出版社，2002），第 278 页。

式，现有专职人员 5 名，其余为聘用设计人员。设计中心主要通过接受政府或大型企业的资助，专职从事艺术设计策划及组织举办工业设计成果展示。他们坚持以创新设计为原则，与大专院校合作，培训各类专业设计人才，并提供专项资金技术。此外，该中心还承担规划设计业务，如负责规划设计了新柏林国际机场管理系统整体方案，他们先后组织德国的 7 所院校及 120 多家企事业单位参与研究。该项设计提倡创新与功能完善结合，一切从方便乘客出发，使设计贯穿于旅馆—途中—登机全过程。机场管理高度数字化、自动化，充分体现省时、省力、精确、清新、方便等特点，达到了实用与艺术相结合的世界一流水平，其设计过程也较完备的表现了工业设计原则与方法。[①]

1.1.1 德意志近代高等教育的形成

德国位于欧洲中部，东邻波兰、捷克，南接奥地利、瑞士，西界荷兰、比利时、卢森堡、法国，北与丹麦相连并临北海和波罗的海，是欧洲邻国最多的国家。国土面积为 357020.22 平方公里，现有人口 8231 万。在古代欧洲，日耳曼人摧毁罗马帝国后建立了法兰克王国，至 9 世纪时，法兰克王国一分为三，西部为法兰西，东部法兰克王国包括萨克森、法兰克尼亚、巴伐利亚、士瓦本、图林根 5 个公园。919 年，萨克森公爵亨利一世获得了东法兰克王国统治权，建立萨克森王朝，正式设立德意志国家。13 世纪中叶，德意志帝国皇帝不再是世袭，而由封建贵族诸侯选举产生，以致各个诸侯邦国均有独立和绝对的权力；其次是教会的势力庞大，教皇控制了德意志主教的任命权。意大利出现文艺复兴后，德意志南部地理位置临近的大量学生曾到意大利留学，之后他们也把人文主义思想带回，德意志人文主义的突出特征在于将理性主义和宗教改革相结合。

马丁·路德（Martin Luther）等宗教改革者都接受了深厚的人文主义熏陶，开始于 1517 年的宗教改革在人民的推动下发展成为一场社会运动。但宗教改革的结果却是形成旧教、新教、皇帝、诸侯以及国外势力绞在一起角逐，导致 30 多年的战乱，从而加深了德意志的分裂。在德意志各邦国中，势力最强大的是普鲁士和奥地利，在德意志知识分子的民族主义观盛行的背景下，精英分子纷纷集中到普鲁士，争取德意志民族的独立和自由，他们励精图治，厉行改革，发展经济，倡导教育，凝聚民族精神，使得普鲁士逐渐强大起来。到 19 世纪中期，普鲁士已成为欧洲强国，特别是在俾斯麦的铁血政策下，普鲁士的经济及军事力量十分强盛。普鲁士在 1866 年普奥战争中获胜，并于 1871 年打败法国，在普鲁士领导下德意志终于实现了民族与国家的统一，建立了联邦制的德意志帝国，史称第二帝国，拥有欧洲的经济、军事、文化和科技强权。1871 年到 1914 年是德国完成工业化经济转变的重要时期，在大约 30 年的时间内，德国经历了英国用一百多年才完成的事情——将一个农业占统治地位的落后国家转

---

① 韩冬楠、寇树芳，《工业设计概论》，（北京：冶金工业出版社，2010），第 22 页。

010 \ 第1章　德国现代设计教育思潮综述

变为一个现代高效率的工业技术国家。这只有现代日本的经济发展可以相比。[①]
在社会制度方面，19世纪80年代相继制定了广泛的社会保障法，从而使德国
高等教育进入了又一繁荣时期。德意志的民族特征和思想文化正是在这样的历
史背景中逐步塑造的，因而，德意志的教育形态与特征也是被这样的历史所决
定的。伴随着国家的统一、经济的发展与社会的稳定，德国的高等教育如虎添
翼，进入一个扩展阶段。

德意志高等教育充分体现了自身民族和文化的特征，从康德（Immanuel
Kant，1724—1840）到洪堡，德意志的大学理念是较为完美的，如教养、学术
自由和大学自治、教学与研究相统一，其重点在于德国大学把研究确立为近代
大学的核心价值和功能标准。19世纪初，洪堡等人为国家构建了一套完整的
教育制度，并着手从初等教育到高等教育的一系列改革，创建的柏林大学即是
高等教育改革的重要产物，是在创造一种体现大学教育的新概念：其一，大学
不是职业训练机构，而是基于科学的高等学校；其二，大学不同于注重传授知
识的中小学，而是探究的场所；其三，大学不是专门化及追逐功利的会所，而
是从事纯科学研究的圣殿。这种先进的教育理念、崭新的组织制度以及卓越的
科学成就，建树了德国高等教育一个世纪的辉煌。

柏林大学产生了广泛的影响，其办学模式成为近代最广为接受的模式。然
而，近代德国高等教育如果没有工业大学的发展，其影响可能会是有限的。19
世纪中期后，德国近代工业和经济在国家主导下高速增长，因而迫切需要把科
研向应用方面转变，并与生产相结合。当时德国的义务教育基本完成，随即乃
大力发展中等技术和职业教育，同时有一些高等技术学校和职业学校逐渐发展
为工业大学（学院），如柏林工科大学的前身是1821年创办的柏林中央工业学
校，1866年成为工业学院，1879年与柏林建筑学院合并，升格为柏林工业大学；
汉诺威工业大学的前身是1831年成立的高等工业学校，1847年成为多科技术
学校，1880年过渡为工业大学。1870年后德国的工业大学蓬勃兴起，很好地
满足了科学技术、工业和社会发展的需要，是除洪堡式柏林大学外必不可少的
又一种高等教育机构。[②]由于工业大学保证了德国对技术革命、工业发展与专业
人才的需要，使得大学可以不去考虑国家和社会眼前的需要，而专心致力于纯
粹的学术研究。随着自然科学的发展，科学研究在1900年之后开始成为独立
的活动，这对高等院校是个挑战，但同时也为高校与国家和工业建立新型关系
提供了机遇。

在20世纪初期的西欧，德国人在精神世界仍然处于卓越地位。在思想领
域进行交流的过程中，生活是重要的因素。在讲德语的城市中，柏林在文化生
活方面独占鳌头。尽管德国是第一次世界大战的失败方，但德国拥有先进的
科学技术和一大批坚信现代化的知识阶层与工业家。第一次世界大战后，德国

---

① （美）平森，《德国近现代史：它的历史和文化》（上册），范德一译，（北京：商务印书馆，1987），
　第300页。
② 刘海峰，《高等教育史》，（北京：高等教育出版社，2010），第369页。

变成了共和国，柏林依然是首都，魏玛共和国持续达 14 年之久，直至希特勒 1933 年在德国当政为止，而这 14 年是存在于灾难之间的一个喧嚣的间歇期，其间竟产生了灿烂的文化，且具有自身思想风格。这一时期是艺术的实验时期，先是表现主义在政治、绘画和戏剧领域居于支配地位，主要反映在反战主义和救世理想上。随着经济日趋繁荣，艺术领域出现"新客观性"的艺术作品，旨在实事求是，提倡理性精神，关注现实社会的实际问题，追求一种新的生活方式。可惜，德国高等教育的命运与其民族的命运一样，第二次世界大战打断了德国教育走向现代的正常步伐。第二次世界大战后，德国立即恢复全民普及教育。20 世纪 60 年代之后，在普及了全民教育后的那一代人成为社会主力时，德国又出现了经济高速发展，这只不过是历史的再一次重演。①

1.1.2　高等艺术教育的改革

最早学院的创立是与意大利人文主义最先进的潮流有直接关系，欧洲第一所现代意义的美术学院的教学是以乔尔乔·瓦萨利（Giorgio Vasari）1563 年 1 月在佛罗伦萨成立的迪赛诺学院（Academia del Disegno），它标志着欧洲的美术教育从传统的师徒手工艺作坊迈入了正规的学院式教学。学院当时有 36 位艺术家任教，先后有科斯莫·美第奇（Cosmo Medicis）、米开朗琪罗（Michelangelo）、提香（Titien）和丁托莱托（Tintoretto）主持的"艺术绘画学院"为模本，遵从 1435 年阿尔贝蒂（Alberti）的《论绘画》等理论，学院以素描为要务，在绘画教学中讲授透视、比例、解剖、动态以及几何原理。区别于中世纪行会制度中学员在师傅的画室学习，绘画学科的建立形成了新的艺术教育体系和方案，是之后几个世纪中艺术学院采取的方案，并且建立在整套教育的基础上。在这些基础上，艺术学院历史的重要时期是从 16 世纪末到 18 世纪巴洛克时期的欧洲，繁荣兴旺了 3 个世纪，美术学院的规模在法国得到了系统、严谨和规范的构建，遂成为欧美及亚洲美术学院建设仿效的典范。虽然在 18 世纪时法国的美术教育已经把工艺、装饰艺术纳入到美术学院的教学中，但这些努力并不能满足 19 世纪欧洲社会工业革命浪潮迭进的需求。在 19 世纪末的欧洲，学院式教育已经式微并终结了。

处于普法战争失败阴影笼罩下的德国忍辱负重，自 1809 年起，相继建立了许多公立学校。经普鲁士首任教育部长洪堡的努力，在美术教育全民普及上采取教育家沛斯塔罗茨（Pestalozzi）教育思想与方法，以其专着《观察入门》为教材，通过几何学的方式来认识自然的法则。同期，席勒的"美育"理念在此时已经广泛运用于社会实践当中，它全面提升了国民的审美与道德水平，并为社会造就了充足的、合格的、能适应工业化社会形势发展的人力资源。

19 世纪造型艺术遇到的重大变革是生产技术的飞跃。工业革命使生产技术发生了从手工技术到机械技术的重大质变。各种机器与材料被推上了前台，

---

① 李乐山，《工业设计思想基础》，（北京：中国建筑工业出版社，2007），第 13 页。

传统上由艺术家与工匠们完成的任务，面临着被这些新东西取而代之的趋势。工业革命不仅改变了传统手工艺设计，而且随着技术革新的频繁，建立起了许多新的工业，这些工业将机械化过程应用到大量新产品的生产上。如果按传统的艺术准则来衡量，这类工业产品应被排斥于美学考虑的范畴之外，一些设计师和工程师在新工业中也同样有意排斥传统美学的影响，否认美学在其作品中的任何作用。在整个19世纪，机械化一直是人们讨论与争议的焦点。人们一方面为机械加工的产品寻求一种合适的美感，另一方面也在考虑机器对社会各方面带来的深远影响。19世纪初，一些建筑师、美术家们试图用自己的观念来影响和引导产品的美学和消费者的情趣，以美学方式去影响工业的发展是19世纪设计改革的一个理想。部分专业人士相信艺术的价值，他们基于艺术上的等级观念，认为如果高级的、纯正的艺术繁荣起来，较低级的实用美术也就会随之发展起来，因而建议改善艺术教育，并建立对公众开放的工艺品博物馆。

　　19世纪30年代，英国议会指定了一个专门的艺术与产业委员会，以商议外国进口产品在本土增加的问题，并试图找到"在民众中扩大艺术知识和设计原则影响的最佳方法"[1]，并特别强调对工业人口开展艺术教育。一些外国专家被邀请到委员会介绍国外的经验。委员会认为法国和德国的优秀设计得益于它们的学校教育，因为在学校中，许多优秀的实物模型被收集起来，专为工业提供范本。这个委员会在1836年发表的名为《艺术与产业》的报告中形成了结论：艺术在英国本土得到的鼓励是欠缺的，其结果不仅削弱了海外市场对英国产品的需求量，而且促进了国外进口产品在本土的增长，形成了经济上一种负面的贸易平衡。拯救英国工业未来的唯一机会就是向人们灌输对于艺术的关爱。[2]这一报告还促成了一项政府决议，支持成立新的设计类学校，同时促成了博物馆——南肯辛顿（South Kensington）博物馆（即后来的维多利亚和阿尔伯特博物馆）的创建，以之作为装饰艺术和进步的公众品味的聚集地。在皇家学院的倡议下，成立了第一所设计学院，之后改称皇家艺术学院，这是新的机械时代中，美术向工业靠拢的一个重要标志。一些任教的画家把织布机搬到学校，并抛弃了传统绘画而专注于染织、玻璃和陶瓷绘画等实用艺术。尽管他们付出了很大的努力，但终究没有得到市场和企业的接纳而未见成效，英国国会的艺术与产业委员会便宣布这场艺术教育的实验失败了。其主要原因在于这所设计学校中任教的大多是美术家，他们既缺乏市场需要的概念，也不了解工业生产过程。这样，当艺术家从基层开始在新的工业领域中进行工作时，由于与批量生产过程和市场开拓联系的缺乏，且没有意识到艺术家参与工业的实际意义，因而失败是难免的。

　　因此，在新的工业时代里，需要有与时代条件相适应的艺术教育。

---

① 何人可，《工业设计史》，（北京：北京理工大学出版社，2000），第62页。
② 同上，第63页。

19世纪是属于大英帝国的，工业革命赋予了这个国家极强的生产力和国际声誉。19世纪中后期德国经济开始崛起，这一时期德国工业产品在出口到英国时，被英国强迫标注"德国制造"（Made in Germany）的字样，以区别于英国本土的产品，这原本是一种歧视的做法，当时"德国制造"意味着粗劣，这种遭遇刺激了德国政府，决定以学生的姿态向英国工业界学习。在1851年伦敦举办的第一届世界博览会上，崭新的机械工业产品令世人关注，所展览的新产品令德国人感叹，他们深切认识到机械具有的能力，并作出积极的姿态加以追求。其中代表性的推进者是建筑家戈特弗里德·森佩尔（Gottfried Semper，1803—1879），他参观了这次博览会后，写下了以《科学·工业·艺术》为题的论文，其中写道："机械能够缝纫、编织、刺绣、雕刻、描绘，深入人类手工艺的领域，使人们一切熟练的技艺相形见拙。"①森佩尔阐述了机械即将取代手工的观点，同时承认新技术、新材料的价值，还对不恰当地使用新材料与技术的状况进行了抨击，就如当时出现的煤气灯而言，某个照明器具将煤气管隐蔽伪装得仿佛是个蜡烛台或旧式油灯。总之，森佩尔主张必须排除传统的手工艺的形态，确立与新技术和新材料相适应的基本形态。然而，当代的美术院校却没有担负起这项使命，而依旧养尊处优，超然世外。对此，森佩尔认为学院系统在美术与工艺中树立起的屏障是有害的，并使美术学院本身变得娇纵和颓废。他相信培养新一代能够理解及开发利用机器潜力的艺术工匠的方法需要通过一种新的艺术教育方法，而那些既构思作品又自己动手制作的传统工匠必须被取代，取代他们的是"构思作品并告诉其他人如何在机器的帮助下进行制作的人，这便是设计师。"②这样，森佩尔及时地洞察到机械化惊人的发展，申述了与此相应的教育改革的必要性。

其后，从19世纪末至20世纪初，德国工业生产飞速上升，经济活动开始活跃起来。在工业界，确立与机械技术相适应的新建筑及工艺风格的思潮也骤然加强，并为此积极致力于造型教育的改革。当时，最先进的工业国家是英国。为学习并赶超英国，在1896年，德国政府在驻伦敦大使馆里专设了一个职位，目的是为了让建筑师赫尔曼·穆特修斯（Hermann Muthesius，1861—1927）能够去研究英国的城镇规划与住宅政策，穆特修斯在伦敦任职7年，直至1903年卸任回国后出版了两卷本著作《英国住宅》作为在伦敦的研究成果。同时，他被普鲁士商务部任用，任务是以英国的经验改善普鲁士的工艺学校。他在那里招聘了一些年轻有为的建筑师，比如彼得·贝伦斯（Peter Behrens，1868—1940）等人，分别在杜塞尔多夫（Dusseidorf）和柏林等一些重要的城市里担任工艺学校校长。进而，穆特修斯还仿效英国教育改革者的做法，鼓励各地积极兴办培训作坊，使学生在实际制作产品的过程中体验，

① （日）利光功，《包豪斯：现代工业设计运动的摇篮》，刘树信译，（北京：中国轻工业出版社，1988），第13页。
② （英）弗兰克·惠特福德，《包豪斯大师和学生们》，陈江峰、李晓隽译，（北京：艺术与设计杂志社，2003），第10页。

图 1-8 亨利·凡·德·维
尔德在居室中，1904年
（左）
图 1-9 1904年亨利·凡·
德·维尔德创建并亲自设计
的魏玛美术学院校舍，之
后成为包豪斯校舍（右）

而不是纸上谈兵。他不仅致力于改革艺术教育，还努力劝说工业家们积极对优秀设计进行接纳和鼓励。1907年，他成功地团结了12位艺术家和12位工业家，成立了"德意志制造联盟"，目的是协调艺术、工艺、工业和贸易诸多方面，以改善德国产品的质量，并且企图与他国展开有力的生产竞争。该联盟计划安排工业界聘用设计师，并不断公开举办活动，指导人们对产品制作进行改进。

不仅普鲁士，德意志诸公国也都积极致力于提高工业产品质量这一使命。1902年，魏玛大公为了提高手工艺和工业产品的水平，招聘了当时新艺术运动的开拓者——比利时人亨利·凡·德·维尔德（Henry Van de Velde，1863—1957）（图1-8）作为艺术顾问。维尔德便于1902年设立了实验性质的教育机关"工艺研究班"，并于1907年将其发展为萨克森大公工艺美术学校（Grossherzoglich-Sachsische Kunstgewerbeschule）（后来它与大公立美术学院合并成为包豪斯），他亲自担任校长，亲自设计了工艺学校校舍（图1-9），开展以作坊为中心的教育。由于第一次世界大战一爆发，德国就盛行国家主义，由于维尔德是来自敌对国的侨民，难于在德国久留，当他决心辞去校长职务时，推荐了作为候补人选之一的建筑师沃尔特·格罗皮乌斯（Walter Gropius，1883—1969）继任校长。

1.1.3 艺术与技术的新统一

在1914年，全德国一共有81所院校在从事着各种艺术教育，魏玛工艺美校是其中之一。在这些院校，有63所开设了工艺系。尽管其中多数学校只限于进行初级的技术培训，但它们中间的大多数都与美术学院有着密切的联系。依附于美术教育的结果必然造成单纯注重表面装饰和设计者个性化的艺术倾向，这与机械化大生产所要求的标准化、逻辑性是格格不入的。因此，在现代设计教育体系产生之前，美术与设计的关系始终是模糊的，造成了早期设计教育的先天不足。自从19世纪末叶以来，德国学界进行教育改革的愿望非常强烈，一直在努力寻找着一种新的教育方式，以此替代原有的学院体系，把工艺和美术紧密地结合起来。

1919 年 4 月 1 日，在德国的魏玛创立了第
一所新型的现代设计教育机构——包豪斯国立建
筑学校，是由魏玛美术学院和工艺美术学校合并
而成，简称包豪斯（Bauhaus），其目的是培养新
型设计人才，虽然包豪斯名为建筑学校，但直到
1927 年之前尚未开设建筑专业，只有纺织、陶瓷、
金工、玻璃、家具、雕饰、印刷等科目，因而包
豪斯主要是一所设计学校。从 1919 年到 1933 年
的 14 年中，在此期间共有 1250 名学生和 35 名全
日制教师在包豪斯学习和工作过，它培养了整整

图 1-10　德绍包豪斯校舍
一侧，1925 年

一代现代设计人才，也培育了整整一个时代的现代建筑和工业设计的思想及风
格，被后人称为"现代设计的摇篮"和"设计教育的里程碑"（图 1-10）。

包豪斯的教育体系和设计理论的完善经历了一段时间的探索，早期深受英
国工艺美术运动的影响，从它的创始人和第一任校长格罗皮乌斯签署的包豪斯
建校宣言中不难看出其成立的出发点带有明显的回归手工艺的倾向，这与当时
的设计发展状况有着直接的联系。宣言中提出了学校的三个目标：一是打破
艺术界限；二是提高手工艺人的地位，使其与艺术家平起平坐；三是强调"作
坊"（workshop）的作用及操作技能。当包豪斯在 1923 年为其师生的作品举行
展览会时，格罗皮乌斯在他名为《艺术与技术——一个全新的统一》（Art and
Technology：A New Unity）的演讲之中宣布了学校定位的改变，将艺术与技术
相统一作为教育的理论依据，通过"作坊"来完成教学工作的设想，则把设计
教育由美术型引导到与技术相结合、并以技术为主导的理工型教育体系中来了。
从 1923 年起，包豪斯技术方面的课程得到了加强，并有意识地发展了与一些
工业企业的密切关系，各作坊都大量接受企业设计的委托，产生出了一批现代
设计史上的经典之作。

在格罗皮乌斯的指导下，包豪斯在设计教学中贯彻了一整套新的方针和
方法，逐渐形成了以下几点：第一，在设计中提倡自由创造，反对模仿因袭
和墨守成规；第二，将手工艺与机器生产结合起来，提倡在掌握手工艺的同
时，熟悉现代工业的特点，适应工厂大批量生产；第三，强调基础训练，从
抽象绘画和雕塑发展而来的色彩构成、二维及三维构成等基础课程为艺术设
计教育奠定了三大构成的思想与方法，意味着包豪斯开始由表现主义转向理
性主义；第四，理论素养与实际动手能力并重；第五，把学校教育与社会需
求及生产实践结合起来。这些做法使包豪斯的设计教育卓有成效。在设计理
论方面，包豪斯提出了三个基本观点：艺术与技术的统一；设计的目的是人
而非产品；设计必须遵循自然与客观的法则来进行。以上这些理念对现代设
计与教育的发展起到了正面的引导作用，从而使现代设计逐步由理想主义走
向现实主义，即用理性的、科学的思想取代了艺术上的浪漫主义和自我表现
（图 1-11）。

图 1-11 伊利诺伊理工学院设计学院侧面，1949 年

包豪斯早期设计教育实践已经具备了现代设计教育的基本模式，即注重技术因素与艺术因素的合理配置，注重基础、专业与理论的共同教育和训练，并融入了对经济内容的重视和能力培养。因此，它所奠定的教学体系作为集艺术、技术和经济于一体的核心内容，已远远超越了单纯美术学院或理工学院的范畴，而成为独立的专业化设计院校。即使在包豪斯被迫关闭之后，随着包豪斯师生流亡世界各地，包豪斯的办学理念也被带向海外各国而发扬光大。

1.1.4 艺术与科学和技术的结合

包豪斯的部分师生由于政治原因被从德国驱逐到伦敦、巴黎和美国等境外，包豪斯理念却得以在世界范围继承与发扬。其中，曾任包豪斯骨干教师的匈牙利人拉斯洛·莫霍利·纳吉（László Moholy-Nagy）则是对包豪斯教育体系承上启下的主要人物。1937 年，受到格罗皮乌斯推荐，他被美国"艺术与工业联合会"邀请到芝加哥，担任一所以包豪斯为模式的新设计学校的负责人。"新包豪斯"在开办一年后，因为股东财政破产导致撤销供应而关闭。紧接着，莫霍利·纳吉组建了第二所学校"芝加哥设计学校"，持续到 1944 年重组并重新命名为"芝加哥设计学院"，1949 年并入伊利诺伊理工学院（Illinois Institute of Technology），即现在著名的伊利诺伊理工学院设计学院的前身（图 1-11），进而成为现代设计运动以及推动设计教育"新学制"的另一重要据点。莫霍利·纳吉的教学理念对美国当时的设计教育方式产生了深刻影响，他把艺术、科学和技术因素全部容纳进设计教育的视野，并把它作为设计教育的必要内容。新兴的现代主义设计理念的直接导入，使美国的艺术设计教育遂即彻底改革了原有的以欧洲传统学院式教育为指导的教学模式。因此，莫霍利·纳吉成为继格罗皮乌斯之后对包豪斯思想传播和发展最有影响的人物。

传统的艺术教育基本上是专业知识的教学。包豪斯在 1923 年提出的"艺术与技术的统一"则具有划时代的意义，是设计教育由传统的手工艺美术教育转向现代工业设计教育的转折点，也由此拉开了艺术与多学科领域综合的序幕。在德绍包豪斯时期的教学课程中，已经安排了数学、物理、化学等非专业课程，旨在培养学生文理俱全的素质，这种指导思想也贯穿在格罗皮乌斯在包豪斯中期发展阶段的办学原则上，他多次提到"要使学生对世界建立一个宏观的认识与把握"，希望通过设计教育实现对社会的改造，这一理念支撑着包豪斯敏感地把握了转型期社会的矛盾和要求，发挥了设计教育在社会

价值体系中的能动作用。

在新包豪斯，莫霍利·纳吉在继承包豪斯教育体系的基础上，根据当时国际社会和美国的现实需要及发展趋势，把教学定位在艺术与科学和技术的结合上。莫霍利·纳吉在教学安排上设置了一部分非专业课程，以作为所有专业方向的共同基础课，他编写的课程大纲还包括科学、人类学和社会科学，以作为工作坊实践的补充。科学的科目包括物理科学和生命科学，课程有：几何、物理学、化学、数学、生物学、生理学、心理学、解剖学、智力综合。为及时了解前沿科学动态与进展，还定期聘请芝加哥大学的科学家到新包豪斯来授课。

莫霍利·纳吉发展了"艺术与技术的新统一"的观念，他把科学和技术因素全部容纳进艺术设计的视野，把它们作为设计教育的必要内容。他认为"动态视觉"的前提是综合不同学科的内容，如能达到万物统一，则所有对立的力量均会处于绝对平衡状态之中。作为他的遗愿，一直希望把芝加哥设计学院合并到伊利诺伊理工学院，则意味着艺术设计教育作为边缘学科应当沿着文化和科学技术两条路径齐头并进，把自然科学和社会科学纳入艺术设计教育的基础部分。这种把艺术院校并入理工学院的举措在当时尚属首例，这种思想影响了艺术设计教育以后的发展方向，促使设计艺术加快摆脱传统艺术教育模式的束缚，明确向现代科学与技术方向靠拢。

1.1.5 科学与艺术的统一

第二次世界大战前，德国现代设计教育以包豪斯的卓越实践而著称于世界设计教育史；遗憾的是，这一开拓性的伟大实践由于法西斯的迫害而被迫中断、转移，德国现代设计教育的实验一度归于沉寂。第二次世界大战之后，德国人开始重新振作自己的设计实务和设计教育，一方面希望通过严格的设计教育来提高德国产品的设计水平，重振德国设计及设计教育的声望，使德国产品能够在现实的国际竞争中取得新的优势地位；另一方面，德国设计界的一些精英分子也希望重拾被美国商业主义所破坏的现代主义民主原则，强调社会批判的观点并建立起有着强烈社会责任意识的新设计文化，而这些正是乌尔姆设计学院成立的重要原因。它不仅对于后来许多国家的设计教育思想产生了广泛而深刻的影响，而且它存在的 15 年正是德国战后实现从百业凋敝到社会丰裕的历史性转变的关键阶段。[1]虽然莫霍利·纳吉与其他几位原包豪斯同仁共同参与并改变了美国在第二次世界大战前后的设计及教育状况，但早期的美国设计依据简单的商业逻辑建立起来的价值观和方法与现代主义所遵循的普遍性和客观性思想背道而驰，原本富于理想主义色彩的现代主义设计在美国被演化为实用主义的设计思想，脱离了包豪斯的美国现代设计并没有欧洲人文主义的学术渊源，以致在第二次世界大战后迅速演变成为千篇一律的"国际主义风格"。为了扭转被美国人所歪曲的现代主义设计思想，并振兴德国经济，1949 年，德

---

① 徐昊，《乌尔姆设计教育思想研究》，中央美术学院博士学位论文，2010 年。

国平面设计师提出建立新设计教育中心，他的提议得到政府和社会的广泛支持，1953 年乌尔姆设计学院（Hochschule für Gestaltung, Ulm）建立。该学院完全把现代设计——包括工业设计、建筑设计、室内设计、平面设计等专业学科，从以前在艺术与技术之间的摆动立场，完全地移到科学技术的基础上来，坚定地从科学技术方向来培养设计人才，设计在该学院成为单纯的工科学科，从而导致了设计的系统化、模数化和多学科交叉化的发展。[①]

乌尔姆设计学院要求学生必须接受科学技术、工业生产和社会政治三大方面的训练，成为企业中的一个组成部分。因此，设计被明确地认为是建立在科学技术、工业生产和社会政治三个基础上的应用学科，该学院的教学宗旨是让学生掌握技术分析的能力，而这种分析是基于工业生产程序、方法论、设计原则、完善的功能和文化哲学观点之上的。乌尔姆清晰地抓住了为一个新的大众文化培养设计师的目标，教学计划的核心是符合大型企业实践的设计任务，来自不同学科的对设计关系重大的内容则不断调整与增补进来。除了专业教学之外，在课堂上也经常强调学生的未来文化和社会责任。教学分为一年的基础课和接下来三年的专业课培训。在产品设计系中发展出了系统化产品的理念；在建筑系里，为工业化建筑的模数系统也发展了起来；在视觉传达系，开始从事以版式设计、图形和摄影为媒介的复杂形式的视觉化表达；在信息系，学生们从事新闻传播的工作；电影专业从 1961 年起单独成系。

学院第一任校长对于是否应该完全放弃艺术教育内容感到困惑，思想上一直在理性主义和艺术表达这两种相异的观念之中纠结，他终于在 1957 年辞职。接任院长在教育方向上是很明确的，他认为设计是理性的、科学的、技术的，因而他在发展理性主义设计教育体系方面更加极端，把学院完全立足于科学的基础之上，他制订训练的基础包括：市场学、研究能力、科学与技术、生产知识、美学这几大方面，用数学、工程科学和逻辑分析等课程取代从包豪斯继承下来的美术训练课程，主要是社会学、心理学、哲学、机械原理、材料学、人机功效学、符号学、拓扑学和控制论，视觉基础课程发展成为一种精确的几何数学式内容，通过对学生精确手工的训练，获得严谨缜密的思维方式，注重理性思维培养，排斥个性因素，而强调设计中工业化批量生产的特点，设计的过程应该能够借助一种纯粹的、非直觉的科学方法加以系统化。其指导思想是培养科学的合作者，这样的合作者是能在生产领域内熟练掌握研究、技术、加工、市场销售以及美感的全面型人才，而不是单纯的艺术家。这就产生了一种以科学技术为基础的设计教育模式与体系，代表了第二次世界大战后西德设计文化的最高水平，影响着其他设计教育机构。

1968 年 10 月，学院最终由于资金短缺的问题以及当地政府对于学院激进思想的不满而关闭了。尽管它仅仅存在了短短 15 年，总计 640 名学生（只有215 人获得学位），但它所培养的大批设计人才在工作中获得了显著的经济效

---

① 王受之，《世界现代设计史》，（北京：中国青年出版社，2002），第 289 页。

益并使西德的设计有了合理的、统一的表现，它也真实地反映了德国发达的技术文化，它与德国布劳恩（Braun）电器公司的合作是设计直接服务于工业的典范，这种合作产生了大量成果，使布劳恩的设计至今仍被视为优良产品造型的代表和德国文化的成就之一。

1.1.6　系统设计的确立

德国现代设计上的另外一个重要里程碑是系统设计（the inception of system design）哲学理论及方法论的传播与推广，这在较大程度上也应归功于乌尔姆设计学院所开创的设计科学。系统设计的基本概念是以系统思维为基础，目的在于为复杂纷乱的世界建立秩序，把客观事物置于相互影响和相互制约的关系中，并通过系统设计使标准化生产与多样化的选择结合起来，以满足不同需要。系统设计不仅要求功能上的连续性，而且需要有简便的和可组合的基本单元形态，这就加强了设计中几何化，尤其是直边直角的趋势。

早在 20 世纪 20 年代，格罗皮乌斯就已经提出系统化设计的可能性想法，并在包豪斯提倡设计系统的家具，当时他曾为柏林的一家百货公司设计可以现场拼装的系列家具，是系列设计的最早尝试。20 世纪以来，在工程技术领域中出现了系统，系统思想开始被用于社会学和哲学。1948 年维纳（Franz Wiener）运用系统论建立了控制论并着《控制论》一书。这些系统思想与控制论紧密联系在一起，此后发展成为工业技术时代一种必不可少的社会分析和控制方法。系统设计是乌尔姆设计学院在这个时代的一个重要发展，并对许多国家的设计领域产生了影响，该院工业设计系主任汉斯·古格洛特（Hans Gugelot，1920—1965）是系统设计理念的奠基者，并以系统设计而著称，他在 1950 年就建立了设计事务所研发系统组合家具，致使单个家具被家居系统所取代，并大批量生产，1954 年他来到乌尔姆学院任教，期间他与布劳恩公司合作，设计了收音机、电视机、音响组合系统均是用标准的模块单元进行不同的自由组合，他的主要目的一直是建立某些联系，因为任何系统的前提都是可分解为能够再次组合的不同部分，产生标准化、系列化、组合化的生产和使用。在他们的设计中，通过把纷乱的现象予以秩序化和规范化，将产品造型归纳为有序的、可组合的几何形态设计模式、取得广种均施、简练和单纯化的逻辑效果。1956 年，古格洛特和拉姆斯（Dieter Rams，1932—）合作为布劳恩公司设计的组合音响就是一个典型的例子。1959 年他们设计了袖珍型电唱机和收音机组合，这与先前的音响组合不同，其中的电唱机和收音机是可分可合的标准部件，使用十分方便。这种积木式的设计是以后高保真音响设备设计的开端。到了 20 世纪 70 年代，几乎所有的公司都采用这种积木式的组合体系。正如拉姆斯说的那样，他的设计哲学"是要清除我们生活中的无序和混乱"。古格洛特认为："系统和模块部件系统的设置、组合家居、带有系列附件的厨房机械，是模块部件系统的常见例子。就像总的系统形成了一个子集（subclass），是由不同的部分所构成，无论这些部分在尺寸、质地、形式或其他属性上存在何种

图1-12 乌尔姆教师罗伊雷希特设计的 TC100 餐具

区别，彼此间必须是相互关联的。只有当各部件协调一致的时候，一个系统才能够形成。例如，办公用纸只可能在其尺度形成系列及印刷的常数建立后才算属于一个系统。"[①]这种系统设计的分析方法可以推广应用到家具、室内装饰和建筑等方面，对当代设计产生了很大影响，成为现代设计的重要理论和设计方法之一。

系统设计在乌尔姆设计学院得到普遍运用，流行在平面设计和产品设计项目上，并且逐步被引进建筑设计领域内。系统设计的概念在工业设计中主要有三层含义：其一，不再把设计对象看成是孤立的东西，而是把它放在系统中看待，使功能设计不仅局限于单一的设计对象，而且要考虑各个组成部分之间的位置关系和组合关系，成套家具要考虑座椅、桌子、床等家居形式和色彩和谐，还要考虑系统环境与人的整体需要，这样的设计更符合实际使用情况。这样导致了产品系统概念；其二，从系统概念出发，单件家具和工具也被看成是一个系统，把它们设计组合部件，容易安装及拆卸；其三，考虑物体之间的位置关系，例如设计单一杯子时，往往不会考虑两个杯子之间的关系，但许多杯子在一起时就构成一个系统，它提醒设计师要考虑它们怎么摆放在一起，如何包装存放等问题（图1-12）。系统设计导致了许多设计创新，例如创造了第一个组合音响设备、组合柜、工具箱等。系统设计方法也被用于单一商品设计，例如古格洛特设计了可拆卸式沙发，它由六个部件组成：支架、垫板、扶手、靠垫、靠头和坐垫。[②]

系统设计形成了完全没有装饰的形式特征，被称作"减少风格"，但这种极少主义特征不是所谓风格探索的需要和结果，而是系统设计的自然结果。乌尔姆学院的这种设计哲学在德国具有强大的影响力，德国产品中处处体现着这种高度理性化、系统化、简洁化的形式，整体感非常强，但是也同时具有冷漠和缺乏人情味的特征。尽管如此，德国第二次世界大战后的现代设计发展，为人们展示出一条发展稳健、高度理性和富于思考的途径，为世界各国的工业设计发展提供了成熟的观念和理论依据，同时也直接影响了欧洲各国的设计。

1.1.7 优良设计的原则

包豪斯、乌尔姆设计学院和布劳恩公司在20世纪60～70年代的产品对于产品文化的格式化的影响，使得设计的形式语言很快成为广为传播的标准。在世界各地，"德国设计"宣传着同样的设计联想：功能的、实用的、合理的、

① （德）赫伯特·林丁格尔，《乌尔姆设计》，王敏译，（北京：中国建筑工业出版社，2011），第90页。
② 李乐山，《工业设计思想基础》，（北京：中国建筑工业出版社，2007），第47页。

简单的、冷静的、可感知的、经济的、精良的、谦虚的、中性的。[①]它也充分反映了德意志民族重文化、讲规矩、求质量的特点。

功能主义成为德国大部分工业的标准。一些机构，如慕尼黑的新收藏博物馆、斯图加特的设计中心以及工业论坛（现为国际设计论坛），在散布"优良设计"观念，并使其在大众文化标准的过程中扮演了长期的决定性角色。第二次世界大战后，功能主义在西德（联邦德国）达到其真正的巅峰状态，几年后也影响到东德（民主德国）。由于二战后重建的需求，大批量生产再次开始，它也被视为标准化和合理化制造的恰当工具，广泛运用于设计和建筑领域。这一观念在20世纪60年代的理论和实务上都得以系统的发展和提炼，特别是在乌尔姆设计学院及布劳恩公司。

对于德国设计的发展，没有任何其他企业能像位于法兰克福附近的布劳恩公司那样产生决定性的影响。直至今天，一直未动摇的现代主义传统主导着布劳恩的经营和设计策略，几十年来，布劳恩一直是其他企业的楷模，其影响不仅限于德国。布劳恩的产品十分清晰地运用了功能主义的理念，其主要特征包括：高度的操作适宜性；人体工程学和心理学需求的满足；每件产品在功能上都极具条理；细心的设计；以简单的手法达到和谐状态；建立在使用者需求、行为方式和新技术的基础上的精良的设计。布劳恩公司的设计理念形成于1955年，经过几十年来的发展完善，已被作为该公司产品设计的原则：①设计需要创新；②设计创造有价值的产品，设计的第一要务是让产品尽可能地实用；③设计具有美学价值，产品美感以及它营造的魅力体验是产品实用性不可分割的一部分；④设计让产品简单明了，让产品的功能一目了然；⑤产品的设计应该是自然的、内敛的，为使用者提供表达的空间；⑥关注设计中的每个细节，精益求精的设计体现了对使用者的尊重；⑦设计应致力于环境保护，合理利用原材料；⑧设计应当专注于产品的关键部分，简单而纯粹的设计才是最优秀的。通过布劳恩公司持续多年畅销的佳绩中可以明显地看到，如何运用技术观念、可控的产品设计，从而建立了一个企业的整体视觉形象，在其严谨方面迄今仍未被同行所超越。

1983年，曾是乌尔姆设计学院讲师的汉诺威大学工业设计研究所的赫伯特·林丁格尔（Herbert Lindinger）把功能主义设计归纳成使产品具有"好外形"，他认为"依附于对象和分支，额外的产品特定标准同样可能相关联。标准的意义和评价同样依赖于对象的功能。例如酒具的标准就和用于医疗器械的标准有所不同。此外，这些标准屈从于缓慢而又稳定的变化。工业产品诞生于技术进程、社会改革、经济现状以及建筑、设计与艺术发展不时的冲突和影响之下。"[②]他宣称良好设计的产品或产品系统应当具有十条标准：①高度实用；②充分安全；③使用寿命长久和可靠性；④适应人因素（诸如用户体力特征、易操作、

---

① （德）伯恩哈德·E·布尔德克，《产品设计——历史、理论与实务》，胡飞译，（北京：中国建筑工业出版社，2007），第73页。

② （德）伯恩哈德·E·布尔德克，《产品设计——历史、理论与实务》，胡飞译，（北京：中国建筑工业出版社，2007），第73页。

图 1-13 西门子手机，
1999 年

易识别、易携带、减缓疲劳）；⑤技术和外形的自主独创性；⑥对用户关系有意义，价格适当；⑦对环境友好（制造和使用省能源、废料少、易循环）；⑧使用过程可见，操作过程视觉化；⑨设计造型质量高（结构有说服力、外形原理感知性好、整体关系明确）；⑩智能和感知的模拟，促进精神和体力（鼓励和取悦用户）。"好外形"原则成为 20 世纪 80 年代德国功能主义思想的正统理论，它把功能主义发展到顶点。[①]

每年一次的汉诺威工业设计博览会已经成为世界工业设计界的一个重点活动，它吸引了各国两万四千多个厂家参展，每一届均要评比出最佳设计（IF 奖），其评比标准是：①美学品质；②材料选择和工艺处理；③创造性；④功能性；⑤通过外形表达功能；⑥劳动学特征；⑦安全性；⑧对环境友好；⑨使用寿命。每届评比标准会有一定的侧重方向，例如 1997 年评选时强调环境保护，之后还设立过"人机界面设计奖"、"生态设计奖"等奖项。

直到 20 世纪 80 年代，德国设计仍然在功能主义的信条"形式追随功能"的支配下，设计任务是在社会需求分析的基础上，设计出具有最大功能的解决方案。不过，这一方法建立在只涉及产品实用或技术功能的概念基础上，却漠视了产品的传达维度。即使如此，多数企业还是听取了设计的功能主义解释，将其作为产品策略的指导原则。较为典型的公司，如 AEG（德国通用电气公司）曾在 20 世纪初担当了设计先锋的角色，20 世纪 60 年代其设计受到乌尔姆设计学院理性概念的强烈影响，企业开发的产品有着与布劳尔公司相类似的形式语言。AEG 在 20 世纪 90 年代被瑞典的伊莱克斯（Electrolux）公司收购。20 世纪 60 年代期间，德国汉莎航空公司（Deutsche Lufthansa）与来自乌尔姆设计学院的开发小组进行合作，指导方针（企业形象手册）涵盖了所有的二维至三维的设计领域，系统设计是其指导原则。西门子（Siemens）公司近百年来的产品体现了现代的、功能主义的手法，并且使得该公司成为现代设计的杰作之一，该企业的一贯形象也树立了世界范围的标准，特别是医疗设备被认为是功能产品设计的典范（图 1-13）。20 世纪 90 年代初期，德国汽车制造商展开了各种设计攻势，他们意识到由于交通工具概念在技术上变得比以往更加近似，因而设计的战略重要性就应该得到体现。设计最初均立足于对消费者使用习惯和愿望进行日益详细的分析，然而汽车同样也是幻想和愿望的投影，出现了大量感性的交通工具概念（例如 Smart），同时，一些制造商将大量的资源注入到奢侈汽车的生产上（如敞篷跑车、劳斯莱斯）。21 世纪初出现的全球经济不景气动摇了这一策略，各国的汽车工业又开始把重心放在大众市场上。

[①] 李乐山，《工业设计思想基础》，（北京：中国建筑工业出版社，2007），第 50 页。

进入 21 世纪后，德国设计终于开始摆脱功能主义的束缚，使自身迈向了兼容且多元化的道路。

1.2 功能主义、理性主义、科学主义和存在主义对德国现代设计教育发展的影响

总体来看，德国现代设计教育思潮在 20 世纪经历了几次大的改变：首先，在 20 世纪初，功能主义思想在德国发展成为一种工业社会文化发展战略思想、社会改革策略、生产规划思想和高效设计制造思想，并逐渐形成德国在 20 世纪的创造性设计的主流思想和一个社会性的工业设计力量；其次，理性主义思想是德国哲学体系的基础，以理性主义为基础的高等教育，则是把学校视为理性的产物，人是教育的主体，重视心智的训练，尊重学生的理性，给学生提供丰富多彩的发展环境，主张在教育过程中实现人的自我完善，人的个性发展和传播理性知识始终是教育目的的最高原则，包豪斯的教学强调理性的原则，并充分体现了理性对专业设计带来的积极效果，乌尔姆更是把理性认识作为科学方法全面贯彻到教学与实践活动中去；再次，受科学技术和现代工业生产高速发展的驱动，为尽快培养足够数量的科学家和工程师，科学主义教育倾向在德国高校颇为盛行，乌尔姆模式是一个基于技术与科学支持的设计模式；最后，存在主义教育观积极推进教育方法、手段的革命，强调人的关键能力培养。为了积极迎接社会和新技术发展带来的挑战，德国高等教育把培养具有综合性和灵活性的人才作为现代高等教育理念的又一个重要内容。为了实现这一目标，德国现代设计教育界提出要通过教育方法、手段的不断革命，着力于人的关键能力培养，即培养学生的专业能力、社会能力和方法能力。

1.2.1 功能主义对德国现代设计教育发展的影响

功能主义设计的起源可追溯到古罗马艺术家、建筑家和军事工程师维特鲁维（约公元前 80 年—前 10 年）的著作《建筑十书》（De archtechtura, libri decem），书中描述了理论与实践之间的关系：建筑师必须对艺术和科学都感兴趣，并精通修辞学，还要具备良好的历史和哲学知识。在该书第三章，维特鲁维命名了一个在设计历史中具有开创性的指导原则："所有建筑必须满足三个原则：力量（稳固）、功能（实用）和美"[①]。然而功能主义的时代直到 20 世纪被定义为现代主义设计才遍布全球。1934 年英国艺术评论家赫伯特·里德（Herbert Read, 1893—1965）所著的《艺术与工业》一书中认为功能主义是 20 世纪的"正统风格"，按照他的观点，功能主义设计主要体现在英国建筑师

---

① （德）伯恩哈德·E·布尔德克，《产品设计——历史、理论与实务》，胡飞译，（北京：中国建筑工业出版社，2007），第 16 页。

约瑟夫·帕克斯顿（Joseph Paxton，1801—1865）于 1851 年为世界工业博览会设计的伦敦水晶宫、以英国设计师威廉·莫里斯（William Morris，1834—1896）为代表的工艺美术运动、20 世纪 10 年代德意志制造联盟（Werkbund）、20 世纪 20 年代以后包豪斯所代表的欧洲现代主义设计潮流、20 世纪 50 年代乌尔姆设计学院所引导的极简设计。在现代的社会背景下，功能主义的本质是为大众需要而设计，重在体现设计物的实用价值。

德国从 19 世纪初的独立解放斗争开始，所经历的社会改革、教育改革和工业化过程，其实就是全面实施功能主义的过程，它是德国近两百年来的发展策略规划，包括政府功能主义、教育功能主义、科学功能主义、技术功能主义。20 世纪初德国建立功能主义工业设计思想，正是这个历史的进一步延续。[①]德意志制造联盟和包豪斯建立了功能主义设计思想，其基础是技术美学观念，功能的含义在当时是指建筑和产品的要求、用途、目的及本质。德意志制造联盟提出了工业设计应当以功能主义为标准，以设计对象目的来决定外形。在工业设计中，德国功能主义代表了劳动者利益、对生产关系的改革、发展新的标准化的技术美学观，通过简洁化的几何结构和新型工业材料表现技术美，在加工工艺上是有利于用机器制造和机械化大批量生产，从而降低成本和销售价格，满足广大民众阶层需要。在 1900 年前后，德国产业界重点考虑两个问题：怎么解决劳资关系；如何提高德国工业品在国际市场上的竞争力。为此，德意志工作联盟建立了技术美的价值观，即简单、节省、表现材料和结构特性，在这一主导思想下，强调运用标准化设计和机械化大生产，从设计到制造的产品应当符合使用目的。20 世纪 20 年代包豪斯在教学上进一步确立功能主义是工业化社会的主要设计思想方法之一，它从社会现实和时代精神出发，提出"满足人的生理和心理特征"的功能概念，它针对大众生活与环境的需求，提出简单、节省、实用等设计原则，建立了工业设计工作的技术行为方式，把艺术设计和工业制造这两个职业结合起来，通过系统教育，把人道主义思想和现代设计方法传播开来，成为许多国家设计教育的榜样。

功能主义的主要思想是功能决定形式，代表了 20 世纪以来大部分现代化设计思想、制造方法以及设计的产品。德国功能主义设计思想强调要首先发现事物的本质、目的和用途，正确发挥事物的功能，形式应当反映这种本质和目的，根据指定的目的解决问题，根据指定的材料选择设计方式，其美观的外形会自动出现，即形式是解决了所有问题之后的必然结果。包豪斯在理论原则上废弃历史传统的形式和产品的外加装饰，主张形式依随功能，尊重结构的自身逻辑，强调几何造型的单纯明快，使产品具有简单的轮廓、光洁的外表，重视机械技术，促进标消化并考虑商业因素。这些原则被称为功能主义设计理论，即要求最佳地达到产品的使用目的。主张使产品的审美特征寓于技术的形式中，做到实用、经济、美观。包豪斯全面实践了功能主义设计，它具体表现在以下

---

① 李乐山，《工业设计思想基础》，（北京：中国建筑工业出版社，2007），第 14 页。

几个方面：第一，它尝试建立工业社会中人与人、人与机器之间的新关系，开拓工业时代的文化，并以欧洲人文主义精神指导工业设计，树立大众文化；第二，它把功能的概念扩展成整体使用要求，考虑使用者的生理和心理需求，"设计的目的是人而不是产品本身"，强调设计对象的使用功能，反对以机器技术为中心的设计；第三，它把制造工艺看作是设计过程有机组成部分，功能和外形的统一依赖于工业制造条件、制造技术材料和工艺过程；第四，它的功能主义设计是面向社会大众需求，针对第一次世界大战后的住宅困境，主要考虑的是制造成本低廉而又坚实耐用的住房和产品，这一时期所设计的民居和集体住宅、灯具、钢管家具和餐具成为工业设计的经典作品（图 1-14）；第五，它在教育思想中注重培养学生的社会责任感，在设计上考虑面向社会主体的大众的使用，增加商品出口，通过参与社会活动完成社会文化改造。

现代设计是在欧洲发展起来的，但工业设计确立其在工业界的地位却是在美国。在两次世界大战之间，工业设计作为一种职业出现并得到了社会的承认，使设计真正与大工业生产结合起来，同时也大大推动了设计的实际发展，设计不再是理想主义者的空谈，而是商业竞争的手段，这在美国体现得尤为明显。商业主义成为设计背后一股主要的推动力量，把设计转变成了促销工具，以致连原本追求社会民主与平等的现代主义设计也给扭曲成了"国际主义风格"，为形式而形式。对此，包豪斯理想的捍卫者莫霍利·纳吉坚持欧洲人本主义的原则，与美国的功利性设计——流线型和"有计划废止制度"展开了激烈交锋。

在两次世界大战之间的美国工业设计领域中，运输行业广泛采用流线型设计，并成为一种时代风格影响到其他产品，因而也造成了消费者追逐潮流的购买热情。流线型原本被采用是基于空气动力学的原因，是为了交通工具的速度而采用，但许多家电产品如电冰箱等滥用流线型已经蔚然成风（图 1-15），在 20 世纪 30 年代已遍及美国工业产品设计的各个方面，这是一个流于表面化的形式主义设计，偏离功能意义，其造型代表的仅是流行风格和时代感。

图 1-14 布鲁尔设计的钢管家具，1924—1929（左）
图 1-15 雷蒙德·罗维设计的流线型削笔器，1934年（右）

随着美国经济的繁荣，第二次世界大战后出现了消费的高潮，这也刺激了商业性设计的发展。商业性设计的本质是形式主义的，通过花样翻新和流行时尚迎合消费，有时是以牺牲部分使用功能为代价的。在商品经济规律的支配下，美国商业主义设计的核心是"有计划的废止制度"（planned obsolescence），即通过人为的方式使产品较短时间内老化，以迫使消费者不断地购买更新产品。创造这种模式的设计师厄尔（Harley Eael）认为这是对设计的鞭策，是经济发展的动力。另有一些人，如纽约现代艺术博物馆工业设计部主任诺伊斯（Eliot Noyes，1910—1977）则认为"有计划的废止制度"是社会资源的浪费和对消费者的不负责任，有操纵消费者之嫌，是不道德的行为措施。"有计划的废止制度"在美国汽车行业中得到了彻底的实现，通过年度换型计划，厂家不断推出时髦的新车型，使原有车型很快在形式上过时，从而使车主在几年内即淘汰旧车以买新车。一些观察家认为，美国工业设计的新鲜感和淘汰策略只是激起了人们虚假的渴望，而并没有展现出人们真正的需求。[①]

莫霍利·纳吉坚持产品形态设计的严格原则，对工业事务作出批评，他坚信一个物品的形态应展示其功能。莫霍利·纳吉指出"设计并不是对制品表面的装饰，而是以某一目的为基础，将社会的、人类的、经济的、技术的、艺术的、心理的多种因素结合起来，使其能纳入工业生产的轨道，对制品的这种构思和计划技术即是设计。"[②]为此，他坚持不懈地反对与抨击流线型——20世纪30年代对产品式样饰以柔滑光亮形态的术语——"被不加选择地运用到每一种产品"[③]。与莫霍利·纳吉相反，美国早期的顾问设计师杜恩（Van Doren）认为流线型是"没有哪个设计师敢轻视，也没有哪一本现代设计书刊不开辟专栏进行讨论"[④]。作为训练方法，杜恩强调视觉化技巧。尽管莫霍利·纳吉所领导的芝加哥设计学校的学生也学习绘图表达手段，但该校产品工作室在工作上对材料工艺的关注胜过表面发展的技巧，莫霍利·纳吉强调设计是"不仅仅只依赖功能、科学和技术的过程与方法，而要建立在社会含义之上"[⑤]。这种理念很明显的落实到产品工作室早期项目上，如椅子是由单一的一块层压板材成型（图1-16），符合莫霍利·纳吉倡导的"由为机器自动化生产所做的一体化项目，大生产将会最终淘汰生产流水线，并为改善当前使工人劳累的工作状态而担当一个协调的措施"[⑥]。

从20世纪50年代起，由于国际现代主义设计运动的影响，美国商业主义设计走向衰落，工业设计更加紧密地与多学科相结合，开始形成了一门以科学

① （美）大卫·瑞兹曼，《现代设计史》，王栩宁，刘世敏，李昶，等译，（北京：中国人民大学出版社，2007），第270页.
② Laszlo Moholy-Nagy, "Design Potentialities," *Plastics Progress*（April 1944）: p4-6.
③ Laszlo Moholy-Nagy, *Vision in Motion*, p54.Laszlo Moholy-Nagy, "Design Potentialities," *Plastics Progress*（April 1944）: p4-6.
④ Harold Van Doren, *Industrial Design: A Practical Guide*（New York: McGraw-Hill, 1940），p137.
⑤ Laszlo Moholy-Nagy, "New Trends in Design," *Task* 1（Summer 1941）: p27.
⑥ Laszlo Moholy-Nagy, "Design Potentialities," *Plastics Progress*（April 1944）: p4-6.

为基础的独立完整的学科，设计师不再把追求新奇作为唯一目标，而是重视设计中的功能性、经济性和人性化等因素。

图 1-16　芝加哥设计学院学生的家具设计模型，1940 年

乌尔姆设计学院继承了包豪斯精神，强调社会和文化责任感，并使之与自己的教学活动及设计实践联系起来，这种密切的联系促进了产品设计的发展。功能在乌尔姆是一个核心的主题，当功能主义的关键词进入乌尔姆设计学院就进行得特别严格、坚定和彻底，乌尔姆坚持的功能主义在布劳恩公司的应用对开放新产品起了重要作用。布劳恩产品的主要特点是：产品高度实用，人机功效的满足，单一产品的多功能，细节设计严谨，外形加工简洁，依据用户行为要求。后期的乌尔姆设计观念扩展到产品设计的许多领域及大众传媒和大批量生产之中，在设计与社会实践的结合力面获得了真正的成功，它对现代工业设计在 20 世纪后期的发展具有重大影响。

1.2.2　理性主义对德国现代设计教育发展的影响

近两百年来，德国历史上存在两大潮流：人本主义和军国主义。后者导致了纳粹的形成。前者以康德哲学体系和洪堡教育改革为基础，引领了德国人本主义的全面发展，从而使德国从殖民地变成了世界强国。康德哲学的主要内容被概括成"三大理性"：理论理性、实践理性和美学理性。它建立了德国理性主义的理论框架。按照康德的理论，理性是认识理解能力，它不是把事情看成为孤立的现象，而是从总体上、相互关系上把各种事物看作为一个整体，从这种系统的、广泛的和有秩序的原理上理解所有事情。康德还坚持知识中需要有经验成分，它形成了德国教育把"从做中学"（Learning by doing）①与理论相结合的教育哲学作为主导思想。康德哲学对德国的作用不仅在于他的观点，并且他那种严谨思维的方式对德国教育家、科学家和企业家都有很重要的影响。康德哲学的直接继承人费希特（G.Fichte，1762—1814）继续了人的理性本质理论，建立了科学论和自然法基础，并提出"教育救国"方针，他与黑格尔（Georg Wilhelm Friedrich Hegel）两人都曾任柏林大学校长。康德的学生洪堡建立了国家教育体制。这些理性主义哲学因素使德国的功能主义在 20 世纪以来成为工业设计思想的主流。

---

① "从做中学"在德国的教育思想源于瑞士教育家约翰·海因里希·裴斯泰洛齐（Johann Heinrich Pestalozzi）和弗里德里希·威廉·福禄培尔（Friedrich Wilhelm August Fröbel）对手工业劳动意义的提倡以及格奥尔格·凯兴斯泰纳（Georg Kerschensteiner）的"劳作学校"思想。

理性是伴随着人类文明的产生而出现的，人类社会的历史所呈现的一切面貌均是理性思维的产物。单就西方而言，古希腊时期就形成了高度成熟的理性观念，柏拉图（Plato）认为人只要凭借理性自身的规则，就可以认识世界，过上一种纯粹理性的至善的精神生活；亚里士多德（Aristotle）认为"人是理性的动物"、"真即是善"成为理性的法则。这些见解对于古希腊文化乃至欧洲文明的发展影响甚大。在中世纪，宗教神学取代理性成为真理和知识的来源，上帝作为绝对理性的象征，是人的理性的异化形式。15世纪发端于意大利的文艺复兴运动在某种程度上也是对理性精神的复兴。16世纪席卷欧洲各国的宗教改革运动，启蒙理性把人从蒙昧的信仰中解放出来，人通过理性把从自身异化出去的本质力量还给了人自己。17世纪的近代理性主义者本身通常也是数学家，如现代哲学之父笛卡儿（Rene Descartes，1596—1642），把知识和世界的确定性基础奠基在理性的"我思"上，他的目标是发展一门新的、广泛的、精确的自然科学，促使数学突破成为一种普遍的方法，这种数学式的知识观以及他认为整个存在都可以用理性看透的坚定信念，使他成为理性主义的鼻祖。理性主义者们对方法上的严谨和证明更感兴趣，认为清晰的理智比含糊不清及虚假的感觉更加可信，从而产生了认识论，将人类所有知识归结为理性思考。德国现代设计的发展一直到20世纪70年代还受笛卡儿思想的影响。18世纪，康德提出人的认识既依赖于经验，也依赖于理智。18世纪末，黑格尔认为："理性是世界的灵魂，理性居住在世界中，理性构成世界内在的、固有的和深邃的本性，理性是世界的共性。"[①]理性成为黑格尔哲学的基础，即理性是推动世界万物发展的内在动力，理性决定一切。19世纪中叶，马克思（Karl Marx）继承了黑格尔的理性主义，马克思的社会理论主要有这样几点理性主义内容：人类理性在历史发展中只有把社会和自然合理地组织起来，人才可以得到自由全面的发展；人只有通过合乎理性地教育才能成为理性世界中合乎理性的存在；人的活动乃是理性主体的活动，他的活动以理性为指导去认识普遍必然的规律，但这种活动并不是主观任意的，而是受客观现实的结构所限制的；理性不仅使自然界，而且使社会历史领域得到了统一，有理性思维能力的主体乃是普遍概念的创造者；根据理性行动的自由主体能在自然和社会实践实现其自身的真正自由。[②]

19世纪后半叶，艺术家们的改革更多的是体现了他们的艺术眼界与理想，当一种传统的文化秩序被打破时，他们在实用艺术领域努力重建一种新的艺术样式与语言；但是，新文化的起因显然是因为技术革命，技术的变革所带来的不仅是生产效率，而且是一种新的生活逻辑，即有效性、合理性与经济性。技术只提供了一种物质性的可能，而这种新的逻辑及秩序如何建立，则需要从一个细节到另一个细节的重新设计。

---

① （德）黑格尔，《小逻辑》，贺麟译，（北京：商务印书馆，1980），第80页。
② （美）赫伯特·马尔库赛，《理性和革命》，程志民译，（上海：上海人民出版社，2007），第9页。

英国设计师克利斯托弗·德莱塞（Christopher Dresser, 1834—1904）活动的年代正是艺术与手工艺运动的兴盛期，但是他有意识地扮演了工业设计师的角色。德莱塞受亨利·柯尔（Henry Cole, 1808—1882）和欧文·琼斯（Owen Jones, 1807—1874）的影响，积极从事设计改革，德莱塞更感兴趣的是自然形态中的造型奥秘，他身

图1-17　德莱赛设计的金属餐具，1899年

为植物学博士，以一种自然科学的态度将所有的个人风格及表现性内容排除于形态之外，强调自然物有着"为某种目的所采用的恰如其分的形式"，而他的设计体现简洁优雅的形式以及材料的直接运用也正是遵循了这一原则（图1-17）。他最早建立了这样一种理性的态度，形成了统一形式与内容关系的工作原则，他在产品设计上充分地考虑了商业的环境，节约成本以降低售价，努力使自己的设计不"超越那些会对产品发生兴趣的人的购买能力"①。所以他被视为第一位工业设计师。

德国建筑师赫尔曼·穆特修斯作为德国大使馆的官员被派驻伦敦，专职研究英国的设计改革。穆特修斯认为英国建筑及设计改革的本质在于注重了"实用性"，这既是对英国工艺美术运动的传承，也是对当时德国提倡"客观主义"思想的一种发展，同时他明确地指出，当今的机器制品是"按照时代的经济性质制造出来的"，只有尊重这一现实，才能找到新的语言风格，他第一次明确提出"机器风格"——那是一种"由适用性和简洁性而来的优美和雅致"。他所主持的德意志制造联盟十分注重"标准"、"合理性"。

20世纪10年代之后，现代设计发展的重心从英国、法国又转到了德国，这种新的发展，与当时德国的社会发展趋势是相吻合的。当时德国对于各种艺术形式，包括音乐、电影、文学、美术等等，都提出了改革的要求。表现主义已经衰微，取而代之的是新的秩序与新的规范以及理性的思考和创造。这种新的文化与艺术的发展被称为"新客观主义"（New Objectivity）。这表明德国已经开始从一战后初期的个人恐慌中恢复过来，走向更加严肃的理性思考。其代表性的标志是德意志制造同盟的成立与包豪斯学术的教育实践，一种符合工业技术特征的理性主义设计语言趋向成熟，并逐渐成为主导性语言，科学主义与理性主义的思想成为这一时期设计发展的重要取向。

理性是认识和理解能力，它是从总体上、相互关系上把各种事物看作为一个整体，从这种系统的、广泛的、有秩序的原理来理解一个个现象。哲学意义上的理性主义原理是包含了整个世界各种事物的概念，通过理性认识获得相对

① Richard Kostelanetz, *Moholy-Nagy*, *an Anthology*, Da Capopaperback, New York：Praeger, 1970, p74.

真理，形成更理智的判断。在现代，科学技术被当作理性的典型表征，理性常被区分为工具理性和价值理性。所谓的工具理性（又称目的理性）指的是基于目的的合理性，是指对实现目的所运用的手段的评估，预测由此可能产生的后果，并在此基础上追求预定的目的。而所谓价值理性指的是一种信念和理想的合理性，实现这种信念与理想的手段也必须是符合价值的。[①] 近代欧洲资本主义文明的发展成果都是理性主义的产物，现代西方的理性主义更多地体现了对工具理性的追求，把人的注意力集中到对外部世界的控制上。在这种工具理性为主导的理性精神指引下，以工具、技术和自然科学为标志的人类驾驭自然界的能力空前地发展了起来[②]，西方资本主义在物质文明上取得了前所未有的巨大成就。在韦伯（Max Weber）看来，现代化过程实质上就是理性化过程。

只有理性的行为和社会组织才能够产生理性的实证自然科学、理性的法律、理性的社会管理体制和理性的社会劳动组织形式。包豪斯骨干教师莫霍利·纳吉早年在布达佩斯大学主修法律，这就在一定程度上形成了他做事的原则性、逻辑性和理性精神。随后，立体主义、未来主义、达达派、构成主义和功能主义中的价值理性观念也对他产生了明显的影响。在莫霍利·纳吉的职业生涯中，理性精神始终贯彻在他的艺术创作、理论研究和教学实践中。

以理性主义为基础的高等教育，则是把学校视为理性的产物，人是教育的主体，重视心智的训练，尊重学生的理性，给学生提供丰富多彩的发展环境，主张在教育过程中实现人的自我完善，人的个性发展和传播理性知识始终是教育目的的最高原则。莫霍利·纳吉在包豪斯的教学强调理性的原则，并充分体现了理性对专业设计带来的积极效果。在教学中，他提倡培养学生"建设性的思维"[③] 和客观理性的设计原则，这种立场和方法对学生们产生很大的影响。[④] 他认为构成主义的作品是理性的艺术，并且它的几何化抽象形式能较好地适应机械化工业生产的加工条件，因此将构成主义艺术分析方法引入基础课程教学，不但使艺术可教可学，还使学生的创造力得以提升。同时，他通过抽象造型、色彩的功能性、物理性、生物学和心理学研究，追求设计的客观合理性和实用性。他总结造型构成的经济性方法，包括对自公元前 3 世纪开始就发展起来的"静力学"理论的推崇，认为这是一种比美学原则更能创造出经济节省的工作方式，[⑤] 提示学生应树立功能性、经济性和社会性的设计原则。

机器在莫霍利·纳吉的教学中被当做一种"理性的'现代'形式的比喻"和时代前沿科技的一个隐喻，机器既是以批量生产方式产生理性的现代设计的

---

① 王威海，《韦伯：摆脱现代社会两难困境》，（沈阳：辽海出版社，1999），第 176 页。

② 王威海，《韦伯：摆脱现代社会两难困境》，（沈阳：辽海出版社，1999），第 177 页。

③ Josef Albers, *Concerning Fundamental Design*, Dessau：Published in Bauhaus, 1928.p7. 张学忠，《设计是一种态度——拉兹洛·莫霍利·纳吉设计教育思想刍议》，载《装饰》2009 年第十期，第 93 页。

④ 张学忠，《设计是一种态度——拉兹洛·莫霍利·纳吉设计教育思想刍议》，载《装饰》2009 年第十期，第 93 页。

⑤ 静力学是研究物体在力的作用下处于平衡状态的规律，包括如何建立各种力系的平衡条件。转引自张学忠，《设计是一种态度——拉兹洛·莫霍利·纳吉设计教育思想刍议》，载《装饰》2009 年第十期，第 93 页。

源泉，其本身也是一种进步的象征。他认为机器无论是在社会领域还是在创作领域，都拥有强大的表现力和自由度，对此他给予了高度赞扬："构成主义不能被约束于基座上或画框中，它应同时延伸至各种工业设计、住宅、客体及形式之中。这是一种视觉的社会主义——全人类拥有的共同财富。"[①]为此，他在艺术创作上的工具和媒介尽可能地利用新的技术手段，如对照相器材的熟练运用、电话订制搪瓷绘画（图1-18）、制作《光线与空间调节器》等。在金属工艺作坊的教学上，强化学生对新材料、机器操作的训练与应用，因而使得一部分作业被企业采纳后批量生产和销售。莫霍利·纳吉希望学生应对机械生产过程和各种工业材料了然于心，能将自己所掌握的知识应用到多样化的领域之中，而不再局限于只对传统材料和某种特殊材质进行专业研究。在教育目标上，莫霍利·纳吉希望包豪斯培养的应该是"艺术工程师"。

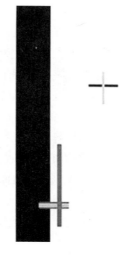

图 1-18　莫霍利·纳吉的作品，电话绘画 EM3，钢板搪瓷，1922 年

　　莫霍利·纳吉把带有社会主义倾向的、蕴含民主思想和时代精神的抽象艺术与实用性、功能性的设计项目相结合，形成了他的教育思想中的社会工程理想，即构建合理的、艺术化的生活方式和社会秩序。在他的努力下，包豪斯教学逐渐摆脱了之前教学中对个人直觉的依赖，对包豪斯的理性主义设计原则的形成起到了至关重要的作用，从而实现了包豪斯教学方法由"经验型"向"实验型"的转变。[②]

　　功利主义是不同于理性主义的价值观念，它是以实际功效或利益作为取向，认为个人利益是唯一的现实利益。功利主义在教育上主张为职业做准备，视教育活动为个人被动应付环境的活动。这种功利主义教育思想于 19 世纪后期首先在美国产生，并逐渐主导着高等教育的发展。针对第二次世界大战期间大学传统的削弱，德国海德堡大学哲学教授雅斯贝尔斯（Karl Jaspers，1883—1969）强调，"我们大学的未来，如果还有未来的话，就在于重新唤起她原本的精神"，"大学的任务是集研究者和学生于一体，探求真理"[③]。当时的德国政府和学术界都主张大学应享有独立自主地位和自治权利。在 20 世纪 50 年代德国高等教育政策的方向是由各高校所决定的，以校方为本位，以传统大学观念为基础，唯学术为重，探索科学的真谛。另一方面，德国 20 世纪 50 年代的高等教育发展也受到美英占领当局专家组于 1948 年提出的《高等学校改革的意

① Laszlo Moholy-Nagy, *Painting, Photography, Film*, Cambridge, Mass：M.I.T.Press, 1969, p21.
② Gillion Naylor, *The Bauhaus Reassessed*, London：The Herbert Press Limited, 1985, p114. 转引自张学忠，《设计是一种态度——拉兹洛·莫霍利·纳吉设计教育思想刍议》，载《装饰》2009 年第十期，第 93 页。
③ 潘懋元，《现代高等教育思想的演变——从 20 世纪至 21 世纪初期》，（广州：广东高等教育出版社，2008），第 35 页。

见》（蓝皮意见书）的影响，该报告强调，"我们不赞成把研究而不是把人放在首位的观念。我们相信,高等教育只有为人服务才有其存在的价值"[①]。并提出大学应开设通识课程。为此，许多高校举办全校性的系列讲座，规定跨系选课，一些艺术设计院校设置了自然科学及工程技术方面的通识课程，一些工科院校设置了人文和社会科学方面的通识课程，提高学生的文化素养和民主意识，培养理想的公民。

乌尔姆设计学院延续了包豪斯理性主义传统，使得理性占据了主导地位，因为他们相信通过理性可以把这个世界建设得更好。乌尔姆的基本观点是启蒙运动传统的观点，一方面努力地在社会与文化之间寻找统一，另一方面也在科学与技术之间寻找着一个有机的统一。乌尔姆的理性主义坚决地反对一切华而不实的装饰或"技术至上"的简化风格处理。这种理性主义，在第三世界及发展中国家被证明是行之有效,它如同一剂诊治那些缺乏实用意义的设计的良药，使得一个门把手或台灯的设计具有深层的语言内涵，从而摆脱了程序化风格，并成为一种满足技术和经济参数影响下的心理需求的抚慰手段。[②]乌尔姆将这种立场塑造和强化了以科学技术为依托的理性的德国设计风格。功能主义在第二次世界大战前并没有进入人们的日常生活，而这种理性主义或功能主义之所以能在战后的德国取得主流的地位，其根本原因就在于它与工业化和商业化的基本原则相符，而第二次世界大战之后德国人民更需要一个民主、理性、清晰、坦率的社会秩序，这是功能主义在德国发展的文化基础，也是战后德国设计不同于美国设计的直接原因。

1.2.3 科学主义对德国现代设计教育发展的影响

德国哲学家狄尔泰（Wilhelm Dilthey）在 19 世纪末主张人文学的研究方法与科学方法不同，人文学应该"主观"，与科学的"客观"相对，并批评那种试图将科学方法应用于人文学（指法律、艺术、历史和宗教）研究的思想为科学主义（Scientism）。科学主义认为自然科学是真正的科学知识，惟有自然科学的方法才能富有成效地用来获取知识，它能够推广用于一切研究领域并解决人类面临的各种问题。科学主义不仅推进了自然科学自身的进步，而且造成了其他研究领域移植、借鉴自然科学方法，促进了人文、社会科学的迅速发展。它的"统一科学"的思想，反映了自然科学与人文、社会科学汇流发展的趋势。科学主义这个词用来描述许多科学家所共有的态度和信念，这一信念让自然科学的研究和其所采用的方法终于上升到意识形态的水平。19 世纪中叶法国哲学家、社会学家孔德（Auguste Comte，1798—1857）认为人类精神的发展经历了神学（虚构阶段）、形而上学（抽象阶段）、科学（实证阶段）三个阶段。他认为，实证阶段是人类知识的最高阶段。按照他的实证原则，除了观察到的

---

① 陈学飞,《美国、德国、法国、日本当代高等教育思想研究》,（上海:上海教育出版社, 1998），第 161 页。
② （德）赫伯特·林丁格尔，《乌尔姆设计》，王敏译，（北京：中国建筑工业出版社，2011），第 270 页。

经验事实以外，没有任何真正的知识；哲学只存在于具体的科学之中，应摒弃那些既不能证实也不能推翻的"毫无意义"的形而上学问题。他将自然秩序的概念移植于人类社会，提出了社会秩序概念，并机械地模仿物理学，把他所确立的社会学命名为"社会物理学"，将之划分为社会静力学和社会动力学两部分。据此，他还提出了"统一科学"的设想，试图建立起统一百科的实证哲学体系。正是由于实证主义倡导科学精神，才使它在 19 世纪下半叶成为欧洲"新启蒙运动"的主力军。科学主义的观念不仅与实证主义哲学密切相关，并且也与现代西方文化中的"合理化"密切相关。

德国人历来崇尚技术科学，技术人才众多，是国家工业发展迅速的主要原因之一。20 世纪初开始，德国大学在科学主义与专业建制特征的背景下，大学教育出现科学化倾向。第二次世界大战后，科学基础的迅猛发展使得自然科学和技术科学受到前所未有的重视，大学的职业化和专业化得到加强，学科专业和课程设置偏重于自然科学和技术科学。当时，身为海德堡大学教授的哲学家、教育家雅斯贝尔斯在谈到科学化的教育时对科学精神和态度予以了中肯的论述："科学化的教育，其所强调的是基本的科学态度，那就是面对着客观的知识，把自己的价值观暂时放在一边，能够撇开自己的学派以及自己目前的意愿，无拘无束地进行事实的分析。科学是实事求是，查看实情，详思熟虑，寻思相反的可能性，自我批判……科学精神所持有的是怀疑与询问，作谨慎、有保留的主张，并检验主张的界限和适用的范围。"①同时，新材料大量涌现，这对艺术设计的发展产生了重大影响。受科学技术和现代工业生产高速发展的驱动，为尽快培养足够数量的科学家和工程师，科学主义教育倾向在德国高校颇为盛行。

早在 1907 年"德意志制造联盟"成立初期，其开创者穆特修斯（Hermann Muthesius，1861—1927）就肯定了自然科学、艺术、技术科学三者的价值平等，积极倡导建立在科学基础上的"技术美"，他鼓励艺术家从事技术创造，为工业和经济的发展提供了一个新的价值观念和文化环境。

包豪斯的办学主导思想之一是要实现艺术与技术的结合，在课程设置上安排了数学、物理和化学等理工方面的科学内容作为必修课，强调了科学知识对艺术设计的重要性。在包豪斯的中期，第二任校长迈耶将建筑教育建立在科学的基础上，使其系统化，他充分认识到"从整体上看，科学教育对设计师的培养非常重要"②。迈耶认为设计是一个技术、经济、科学、生物学的过程，是一个组织严密的过程，而不是美学的过程。

乌尔姆模式是一个基于技术与科学支持的设计模式。设计师不再是高人一等的艺术家，而是在工业生产决定的过程中同等的合作者，所有与产品项目创造相关的人员（包括设计师）需要紧密地合作，因而"设计师"这一概念不再

---

① （德）雅斯贝斯，《雅斯培论教育》，第 57 页。
② （日）利光功，《包豪斯：现代工业设计运动的摇篮》，刘树信译，（北京：中国轻工业出版社，1988），第 123 页。

图 1-19 1958 年学生乌尔里希·布兰特的"非定向平面"作业

是一个人，而是由多学科专家组成的设计队伍。乌尔姆设计学院转向寻找方法、科学和技术的主题，这些变化不仅导致课堂教学的新内容，而且在新研究所的工作中也有所体现。科学科目被院领导马尔多纳多等人引入乌尔姆设计学院，其根源则是当代西方认为近代科学总是与进步思想紧密联系的认识。他们认为更多的科学研究将带来更多的知识，更多的知识将带来更合乎理性的行为，更合乎理性的行为亦是更合乎道德理想的行为。在学院中首先受到科学话语冲击的就是借用于包豪斯的基础课，在已经产生的以感知为方向的原则基础上，马尔多纳多等人发展了一种视觉方法，这种视觉方法包含数学、对称性和拓扑学和感知理论领域的知识（图 1-19）。而在科学话语的介入中，又看到乌尔姆人对当代自然科学、人文科学和社会科学中术语和知识的渴望。同时，学院希望设计师应该被培养成工程师的平等的合作伙伴，应该从一开始作为技术人员的同事共同决定一个新产品的发展过程。可是当学院的教学甚至走到了"唯方法论"的方向时，学院看起来更像是一所工程技术学院。乌尔姆人为了突出其科学主义或工业时代的精神而刻意划清与"手工艺"、"艺术"、甚至"审美"形式的界限，执着地在科学与艺术之间构建一道壁垒分明的高墙。[1]

在基础课上，介绍的最重要的学科知识是"最近对于传达领域的探索提供了非常有价值的贡献"的人机工学和"有希望的交叉学科"的符号学。马尔多纳多指出"人机系统"不像其他的信息系统中人与机器分离一样，而是人与机器共同参与其中，这个系统完美的功能化依赖于它操作器官的能力，而操作器官可以理解为工具，它对于信息的接受与操控来说是确定的（刻度、手动操作部件、控制台、配电盘等），并且由符号组成的人机系统"在未来的我们技术文明中会扮演决定性的角色"。马尔多纳多在课堂上列举了差不多一百本重要的符号学参考书目[2]，他对于符号学的前景充满了乐观态度：

"现在没有什么能阻碍新学科的形成，如人机工学、功能感受理论、信息理论、结构统计语言学、修辞学和美学。这个科学整合的结果很大部分依赖于，是否符号学的话语能适合其他话语的要求……符号学话语的大部分在今天已经被许多学科使用，致力于传达方面。这里举一个最好的例子就是有名的符号学

---

[1] 徐昊，《乌尔姆设计教育思想研究》，中央美术学院博士学位论文，2010 年。
[2] 马尔多纳多认为符号学是不同领域的综合结果，如实用主义—工具主义、行为主义、社会行为主义、象征主义这些、普通语言学、逻辑实证主义、波兰学派逻辑学等思潮。参见《ULM》第 5 期，1959 年 7 月，第 75—78 页。转引自徐昊，《乌尔姆设计教育思想研究》，中央美术学院博士学位论文，2010 年。

在三个维度上的划分：语义学（符号与描述物之间的关系）、语构学（符号之间的关系）、语用学（符号与阐释之间的关系）。三个维度的划分在纯粹的和描述性的领域被普遍认可。"[1]

乌尔姆基础课的真正意图，在于通过对学生精确手工的训练，获得严谨缜密的思维方式。笛卡儿(René Descartes)[2]思想在学术理论上占有主导地位。理性、严格的形式与结构掌控着思维，只有"精确"的自然科学才能被完全接受为参考科目。特别是与数学相关的学科被用于研究设计上的可能性。学生在有意识地、按部就班地执行设计程序中受到训练，从而教导学生一种与日后他们在产品设计、工业构造或传达等领域工作所配合的思维方式。[3]

随着对新专业标准的要求和对教师的选择，马尔多纳多使乌尔姆的学生认识到当前国际科学理论话语进入学院的课堂成为可能。符号学并入教学计划在欧洲是一个创见，这应归于马尔多纳多的首创精神。莫霍利·纳吉在40年代就请芝加哥大学的科学家到新包豪斯来授课。符号哲学家莫里斯来乌尔姆教课就属于所谓的"知识分子的融合"，马尔多纳多也积极地继承了他的符号学教学。控制论或数学课讲师也隶属于"科学一体化"(Unity of Science)运动。如在科学理论和数学运算分析方面包括群组理论(Gruppentheorie)、集合论(Mengenlehre)、概率论(Wahrscheinlichkeitsrechnung)、统计学(Statistik)、博奕论(Spieltheorie)、线性编程(Linearprogrammierung)、评价序列理论(Theorie der wertenden Reihen)、标准化(Normung)、信息论(Informationstheorie)中讲授方法论。它们补充到技术学如制造学(Fertigungslehre)、材料学(Werkstoffkunde)、普通力学(Allgemeine Mechanik)、技术成型(Technische Formgebung)的科目中。新的教学计划除实践科目外包括了当时的新兴学科如符号学、组织学(Organisationslehre)和数学运筹分析(Mathematische Operationsanalyse)等。在1958—1968年所有的系中都要教授哲学、科学理论、符号学、数学、方法论、物理、化学、色彩理论、技术物理、机械、数学技术、数学分析、编程方法(Programmiermethoden)、控制论、构造学(Strukturen)和信息理论等理论科目。在"通识讲座"中作为理论学科的有：社会学、社会心理学、经济学、政治学、数学运筹分析、结构理论、科学理论和文化史。一

① 马尔多纳多，"传达与符号学"，载《ULM》第5期，1959年7月，第74-75页
② 被称为"现代科学的始祖"的笛卡尔生于1596年，是17世纪的欧洲哲学界和科学界最有影响的巨匠之一。笛卡尔的主要数学成果集中在他的"几何学"中，他提出用代数学的方法进行计算、证明，从而达到最终解决几何问题的目的，建立一种"真正的数学"的"解析几何学"。他的这一成就为微积分的创立奠定了基础。他在古代演绎方法的基础上创立了一种以数学为基础的演绎法，以唯理论为根据，运用数学的逻辑演绎，推出结论。这种方法和培根所提倡的实验归纳法结合起来，成为物理学特别是理论物理学的重要方法。他还提出"普遍怀疑"原则，这一原则在当时的历史条件下对于反对教会统治、反对崇尚权威、提倡理性、提倡科学起了很大作用。
③ Rübenach, Bernhard, "der rechte winkel von ulm ein bericht über die hochschule für gestaltung 1958/59", Hg.B.Meurer, Darmstadt1987, 引自（德）伯恩哈德·E·布尔德克，《产品设计——历史、理论与实务》，第43页

年中差不多有 210 学时的理论课，实践类设计课在 700 到 800 学时之间。在一些系会单独补充有针对性的特别的理论科目，符号学课也慢慢开始限定在视觉传达系和信息系。追求"精确的"科学语言的做法对乌尔姆教学产生了影响，新的执教者对于学生任务的提出在今天看来显得很奇特。学院在 1959 年"图形表现 2"课上就让学生在记录测量结果的同时，把测量结果的相对频率以图形表现出来。理性的、方法的、精确的和可测的选词与语言风格暗示着唯一的理性解决问题的思路。方法论课程显然是一个乌尔姆设计学院最为稳定和成熟的领域，它在当时给设计学科的形成带来了决定性的贡献。设计师的活动从工艺美术的迷雾中解脱出来，转移到一个工业的语境中，这就是乌尔姆设计学院清晰的目标。20 世纪 70 年代所呈现的"语义学的转折"其根源也是出自乌尔姆设计学院。[①]

1.2.4 存在主义对德国现代设计教育发展的影响

存在主义教育思潮是一种以存在主义哲学为基础的教育理论，产生于 20 世纪 20 年代的德国，20 世纪中期流行于西欧各国，体现了对传统教育思想的反思，是西方人本主义教育思潮盛行的开始。

存在主义（Existentialism）又称生存主义，是一种非理性主义的哲学思潮，以"人的存在"为研究对象，强调个人、独立自主和主观经验，注重品格培养，提倡学生自由选择道德标准，主张采用对话式的个别教学等。存在主义教育流派以存在主义哲学为基础。"存在主义哲学是一个从揭示人的本真存在的意义出发来揭示存在的意义和方式进而揭示个人与他人及世界的关系的哲学流派。[②]"由于存在主义关注人，关注人的现实生活、心理体验等本真存在的方式，其本身就蕴藏着丰富的教育思想。

存在主义对教育产生了重要影响，第二次世界大战后，一些教育家开始将存在主义应用到教育中。例如，德国教育人类学家伯尔诺夫（Otto Friedrich Bollnow）把存在主义应用于教育理论，著有《存在哲学与教育学》和《教育学的人类学考察方法》等教育著作，形成了存在主义教育思想。雅斯贝尔斯是德国著名的存在主义哲学家、心理学家和教育家。他从 1913 年开始在德国海德堡大学任教，由于长期在大学中工作的经验，对高等教育方面的论述较多，其中，《什么是教育》（1947）、《大学的观念》（1946）是反映其教育思想的代表著作。

雅斯贝尔斯认为存在三种类型的教育：一是"经院式教育"，仅仅限于传授知识，教师只是照本宣科，其基础是西方的理性传统；二是"师徒式教育"，完全以教师为中心，学生对教师的观念要绝对服从；三是"苏格拉底式教育"，教师和学生处于一个平等地位，教学双方均可自由地思索，对真理进行追问。

① 徐昊，《乌尔姆设计教育思想研究》，中央美术学院博士学位论文，2010 年。
② 刘放桐，《新编现代西方哲学》，（北京：人民教育出版社，2000），第 332 页。

雅斯贝尔斯十分推崇苏格拉底式这种"催产式"的教育方式，在于教师激发学生探索求知的责任感，唤醒学生的潜在力，促使学生从内部产生一种自动的力量，而不是从外部施加压力。

因此，雅斯贝尔斯认为，教育不是训练，也不是有系统的教诲，而应该是"存在交往"，人将自己与他人的命运相连，处于一种身心敞放、相互平等的关系中，就像苏格拉底式的教育一样，学生能够产生一种内在的求知和成长的动力。并且，雅斯贝尔斯认为教育是人的灵魂的教育，是人对人的主体间思想交流活动，包括知识内容的传授、生命内涵的领悟、意志行为的规范，并通过文化传递功能，将文化遗产教给年轻一代，使他们自由地生成，以启迪其自由天性，而非理性知识和认识的堆集。雅斯贝尔斯认为，学生在大学里不仅要学习知识，而且要从教师的教导中学习研究事物的态度和做学问的方法，培养影响其一生的科学思维方式。所以，"教育的过程是让受教育者在实践中自我练习、自我思索和成长，使人的潜力最大限度地调动起来并加以实现，以及使人的内部灵性与可能性充分生成。通过教育使具有天资的人，自己选择决定成为什么样的人以及自己把握安身立命之根。"①

作为存在主义哲学和存在主义教育思想的代表人物，雅斯贝尔斯主张教育的目的在于帮助人"自我超越"，使其不满足于自己的存在，靠着内在的精神冲动超越自我。他希望把人们从机械文明的束缚下解放出来，号召人们为个人的自由而抗争，并指出在现代文明社会中教育改革的方向应该是人性化、主体化和个性化，主张把技能训练与精神陶冶结合起来。以上见解正是雅斯贝尔斯存在主义教育思想在德国及西方世界经久不衰的原因所在。

由此可见，存在主义教育观积极推进教育方法、手段的革命，强调人的关键能力培养。为了积极迎接社会和新技术发展带来的挑战，德国高等教育把培养具有综合性和灵活性的人才作为现代高等教育理念的又一个重要内容。为了实现这一目标，德国现代设计教育界提出要通过教育方法、手段的不断革命，着力于人的关键能力培养，即培养学生的专业能力、社会能力和方法能力。为此，除了继续采取模拟教学、个案教学等一些传统教学方法之外，近年来又出现了行动教学法这一新的改革举措。这一方法强调让学生自我发现问题并解决问题。比如一堂设计管理理论的课程，教授要求每个学生通过查阅资料先拿出一个自己的管理方案，然后由教授归类总结并得出正确完善的方案。再比如一堂电子信息技术课，教授讲授了一个章节内容后，把学生分成几组，每组自由讨论并推举一名代表，就所学内容上台作学术小结。教授对此给予讲评打分。其他学生必须认真听讲并提出问题，如果没有表示听不懂的，那么教授将有权随时命题对他们进行考试。上述种种方法使师生能平等交流和对话，互相制衡，这不仅能极大地调动学生学习的积极性，而且还培养了他们与人合作的社会能力及加工整合信息和语言表达的方法能力。整体性教育方法是又一项值得关注的改

---

① 雅斯贝尔斯，《什么是教育》，（北京：三联书店，1991），第4页。

图 1-20　马尔多纳在课堂上

革新举措。这一方法强调让学生参与实践的全过程，在一个完整的过程中学会把握每一个关键点，提高对事物本质的观察和分析能力。比如一堂材料力学拉伸实验课，在不提供实验讲义的情况下，先由教师现场示范，然后由学生自我完成实验并写出详尽的实验报告，包括实验方法步骤、实验结果、实验分析等。这实际上相当于由学生自我完成一份实验讲义。最近，德国教育界一步提出了"学习领域"的概念，以"学习领域"取代传统的分科课程。通过"学习领域"把各分科课程的有关知识、技能组合到一起传授给学生。其目的是通过这种综合性的学习，培养学生的综合职业能力，使应用和创造的精神融会贯通在平时每节课的讲授之中。总之，德国现代高等教育理念下的教育模式，强调宽而深的理论基础、技术上和方法上的经验、整体的思考结构以及学生在小组中的行为方式。

第 2 章　包豪斯教学

　　包豪斯是在 20 世纪的教育领域产生了重要结果和重大影响的设计学校，它的文化首创精神具有划时代的意义，它经历了长时期的舆论评估，它在公众意识中占据了明显位置。至今，世界各国的艺术设计的教学普遍参照了包豪斯体系。由个性鲜明而又有着强烈共性的包豪斯教员们建立的设计教育原则何以普遍影响到今日院校的教学？这是一个值得深思的问题。

　　包豪斯集中了 20 世纪初欧洲各国对于设计的探索和实验成果并加以发展和完善，成为集现代设计运动大成的中心，它把现代设计运动推到一个空前的高度，也是世界上第一所完全为发展设计教育而创建的学院。虽然这所学院仅仅存在了 14 年，但它对现代设计教育的影响却是巨大的。包豪斯的主要领导人物、部分教员和大批学生移居到美国，从而把他们的设计探索和欧洲现代主义设计思想也带到了新大陆，并通过他们的教育和设计实践，以美国经济实力为依托，把包豪斯的影响发展成一种国际主义设计风格，从而又影响到全世界。

　　包豪斯在许多方面所进行的探索和实验，以及通过这些活动而提出的问题，是从基本原则上对于自英国"工艺美术"运动（1864—1896）以来欧洲的一系列重大设计运动的挑战，也是对于现代设计的核心问题第一次提出认真的讨论和实践，比如它对于传统的美术与设计教育的挑战：到底艺术和设计如何进行教育？艺术与设计能否传授？何为"好的设计"的本质？建筑对于居住在其中的人们都有哪些影响？作为一名设计师，应该具有哪些基本素质？等等。

　　在对包豪斯历史发展的叙述上，可以对阶段划分做出不同类型的选择。一是可以建立在校长任期的顺序上：瓦尔特·格罗皮乌斯时期（1919—1928）、汉斯·迈耶时期（1928—1930）和密斯·凡·德·罗时期（1930—1933）。二是依据包豪斯校址所在地：魏玛包豪斯（1919—1925），德绍包豪斯（1925—1932）和柏林包豪斯（1932—1933）。以上这些时期划分主要是由外部事件所决定。另有欧洲学者则是基于基础教学风格方面提出了五个时期的划分：①表现主义和个人主义，注重手工艺（伊顿等人），（1919—1921）；②形式的，强调基础形式和色彩（康定斯基和杜斯伯格等人），（1922—1924）；③功能主义，与工业联合的第一阶段（莫霍利·纳吉），（1924—1928）；④分析的，汉斯·迈耶领导下的马克思主义倾向，（1928—1930）；⑤实用的，密斯领导下的对建筑

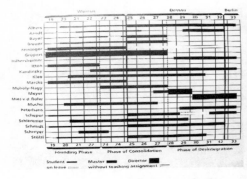

图 2-1 包豪斯三阶段的表格（左）
图 2-2 约翰·拉斯金，1890 年（中）
图 2-3 威廉·莫里斯，1892 年（右）

材料和美学的强调，（1930—1933）。[1]德国学者弗雷德赫尔穆·科洛拉（Friedhelm Kroll）在其专着《包豪斯，1919—1933》一书中则把包豪斯历史划分为三个阶段：基础阶段（1919—1923）、巩固阶段（1923—1928）和瓦解阶段（1928—1933）（如图 2-1）[2]。这个分期注重社会心理学与历史观的思辨，把包豪斯当作一个群体和一个社会体系。这三个大的阶段若排除外部因素的影响，从总体上是沿着现代设计的道路进行的探索，只是在观念和方向上各有侧重。

2.1 包豪斯的思想源泉和社会历史背景

包豪斯的历史起源可以追溯到 19 世纪。始于工业革命产生的生活及生产条件和制品对手工艺人和工作阶层产生了损害性的后果，首先发生在英国，随后蔓延至德国。工业革命打开了一个新的维度——新的科学和技术通过机械化的实现进入人们的日常生活与工作，城市居民也都被卷入这种新关系的体验之中。持续增长的工业化引导着社会结构重组，同时意味着合理与廉价制品的生产。在 19 世纪，英国是欧洲领先的工业化国家，举办于 1851 年的伦敦世博会展示了许多国家最新的技术和文化成果，英国仍旧处于冠军的地位。当时的作家约翰·拉斯金（John Ruskin，1819—1900）（图 2-2）首先批判了英国的非人道状况，他想促进社会改革和抵制机械化制造，把工业化视为对所有消费者和生产者的一种损害。消费者遭受着劣质且乏味的大批量实用产品，生产者在使用机器生产过程中丧失了心满意足的自我实现状态。满意的工作必需产生艺术，为此，拉斯金在他的著作《威尼斯之石》（The Stones of Venice，1851—1853）中描述了自己的理想，呼吁消灭由机器所造成的使人异化的工作，回归到中世纪的有创造性的手工艺劳动中去。

作为拉斯金的学生与崇拜者，集画家、诗人、设计师、实力派手工艺人和社会理论家于一身的威廉·莫里斯（William Morris，1834—1896）（图 2-3）发扬了老师的社会乌托邦观念，并进行了卓有成效的实践活动。他与拉斯金一样憎恨现代工业文明及其产品，他感到有必要更新所有的家居用品，为此，

---

① Rainer K Wick, *Teaching at The Bauhaus*, (Hatje Cantz, 2000), p34.
② Rainer K Wick, *Teaching at The Bauhaus*, (Hatje Cantz, 2000), p34.

他于 1861 年建立了公司及工作坊，以简
朴的哥特式和东方风格为参照，亲自动手
并组织手工艺人们生产家具、织品、壁纸
和书籍装帧、室内装饰（图 2-4），由此
也获得了与之相符的名称——"美术和工
艺"。莫里斯对复兴手工艺所作出的努力
不仅关乎美学，而且也有社会上的象征意
义。在莫里斯看来，"健康的"的手工艺
是一个"健康的"社会的标志。莫里斯宏
大的幻想之一是复兴美术与手工艺——在
实践中回归到工人们在劳动上的愉悦境
界——并将改善他们与社会的关联。[①]半个
世纪之后，格罗皮乌斯与其他理想主义者

图 2-4　莫里斯公司设计
及制造的家具，1880 年

的"好的形式"（good form）则是受了同样幻觉的感召而形成的。莫里斯是一
个坚定的社会主义者，但却不是一个真正的马克思主义者，他不赞成马克思
的政治经济学理论，在他的小说《乌有乡消息》（*News from Nowhere*，1890）
中幻想通过美化环境及改善工作条件扭转由阶级冲突造成的分裂局面。虽然
他的蓝图得到了部分实现、改革行动小有成绩并影响广泛，但其产品却无法
扩展为大批量生产以适应平民的需求及经济承受能力，反倒成了他所厌恶的
贵族的奢侈品。

　　1880 年起，莫里斯试图恢复手工艺的行动在英国通过工艺美术运动而在
国内外产生了显著影响。查理·罗伯特·阿什比（Charles R.Ashbee，1863—
1942）直接地跟随莫里斯的脚步，但他对待机械操作的态度却逐渐发生了转变
及适应。阿什比起初从事金属制品工艺和首饰工艺，并从实践和理论两方面积
极践行拉斯金和莫里斯的思想。他于 1888 年在伦敦东郊建立了手工艺行会和
学校，训练场地不再是工作室（studio），而是一些较大的工作坊（workshop）。
这一创新对 20 世纪美术学校改革运动至关重要，并直接波及包豪斯。1900 年
前后，与拉斯金和莫里斯否定机器的态度相左，阿什比不再是一个强烈反对机
械化自动化并阻碍技术进步的人，他宣称："现代文明是以机器为基础的，没
有哪些有理智的艺术形式和艺术教育不承认这个基础。"[②]他试图恢复机器的地
位，并期待通过技术手段控制大工业，从而使创意生产从大工业中回归到商业
贸易中去。

　　与阿什比同年出生的比利时人亨利·凡·德·维尔德（Henry Van de
Velde，1863—1957）是新艺术运动的领导人之一，也是德意志制造联盟创始
人之一。他与莫里斯一样，早年从事绘画，也当过建筑师，1894 年转向家具

① Rainer K Wick，*Teaching at The Bauhaus*，（Hatje Cantz，2000），p19.
② Rainer K Wick，*Teaching at The Bauhaus*，（Hatje Cantz，2000），p20.

和室内设计。但维尔德与莫里斯相异之处，不仅在于他既肯定技术的作用，认为"技术是产生新文化的重要因素"，也批评拉斯金对中世纪浪漫主义膜拜的态度。他也与阿什比一样，倡导创意与商贸之间利害相关的意念，也在寻求艺术与手工艺的复兴，并通过将精确的机械化操作运用于手工业而拥有完整技术。维尔德在设计中注重产品的功能要求，在 1894 年发表的《为艺术清除障碍》一文中提出了"根据理性法则和合理结构所创造出来的符合功能的产品，乃是达成美的第一个条件"[①]，1902 年他应邀担任德国魏玛大公的艺术顾问，负责改进产品质量工作。维尔德在此开设了他的"工艺美术研讨会"（Arts and Crafts Seminar），为手工艺人、艺术家和实业家提供建议和培训，并于 1907 年把这一研讨会改造成了魏玛工艺美术学校（包豪斯的前身），他出任校长，直至 1917 年离开德国。学校安排 3 至 4 年严格训练的课程，主要根据以下原理设立：①参考各种工艺活动的技术绘图；②应用在工艺各个分支领域的色彩学习；③在掌握动力学和抽象法则后关于工艺各个分支领域的装饰的学习……[②]这些课程目的是使魏玛公国的年轻一代更好地获得关于艺术和工艺各个领域的知识，也为日后包豪斯工艺课程设置奠定了基础。

这一时期同样志在改进德国本土地方艺术和手工艺品质的杰出人物还有彼得·贝伦斯（Peter Behrens，1868—1940）。此人出生于德国汉堡，早期在慕尼黑曾是一位著名的画家、平面艺术家和形式设计师，并从事过建筑设计工作，还仿效英国手工艺行会而建立了联盟和工作坊，以使艺术融入工艺活动。1904 年开始，他脱离了青年风格，转而积极参与德意志制造联盟的组织工作，同时从 1903 年至 1907 年间担任杜塞多夫工艺美术学院（Dusseldorf School of Arts and Crafts）院长职务，进行了设计教育的改革。他在这里开设了许多作坊，培养学生动手制作的能力，而不仅仅只是在图纸上进行设计，使这所学校在许多方面被认为是一个"原始的包豪斯"[③]。1907 年，他受聘为德国通用电气公司（AEG）的设计顾问，全面负责公司的建筑设计、产品设计和视觉传达设计，确立了其独特的家庭风格，并以统一化、规范化的整体企业形象设计创造了现代企业形象设计的先例。得益于贝伦斯的设计，AEG 公司的产品在国内外均获得了更大的成功。他于 1907 年设计的 AEG 的透平机制造车间，由于适宜于功能要求且造型简洁而被称为第一座真正的现代建筑的里程碑。他为 AEG 设计的企业标志也一直沿用至今，成为欧洲著名标志（图 2-5）。他运用几何形式设计的电风扇、台灯、电水壶等电气产品具有功能主义风格，也成为制造联盟设计思想的典型案例。贝伦斯的成就还在于他所培养的学生中出现了三位现代主义设计大师，即格罗皮乌斯、密斯·凡·德·罗和勒·柯布西耶，因此他堪称为现代主义运动的奠基人。

图 2-5 彼得·贝伦斯设计的 AEG 企业标志，1905 年

---

① Frank Whitford, *The Bauhaus*, (Amazon Publishing Limited, 1992), p19.

② （英）弗兰克·惠特福德，《包豪斯大师和学生们》，陈江峰、李晓隽译，（北京：艺术与设计杂志社，2003），第 20 页。

③ Rainer K Wick, *Teaching at The Bauhaus*, (Hatje Cantz, 2000), p22.

　　1907 年，德意志制造联盟（German Werkbund）成立于慕尼黑。这是一个积极推进工业设计的组织，旨在鼓励企业家认识优秀设计的重要性，由一群热心于设计教育改革的艺术家、建筑师、企业家和政治家组成，其共同目标是想在艺术、手工艺及工业的合作下，通过教育宣传及对有关问题采取联合行动的方式来提高工业劳动的地位，改善批量生产产品的品质。制造联盟最早的组织者和发起人当首推赫尔曼·穆特修斯，是他首先清楚地认识到设计工作的一个新种类在未来的任务将是在艺术和工业之间的紧张状态上建立平衡。穆特修斯曾是教师和建筑师，1896 年他被任命为德国驻伦敦大使馆的外交官员。在英国的 6 年间，他详细地研究了英国工艺美术运动的状况和英国的住宅建设的成就，并发现了一些问题。1902 年，他出版了两卷本的《式样建筑与建筑物艺术》（Style-Architecture and Building-Art），介绍英国颇具实用主义的住宅设计。同时，他抱着改革德国设计与设计教育的决心，利用自己作为政府官员的优势，积极宣传功能主义的设计原则。在设计教育方面，他选择了柏林艺术学院、布莱斯芬艺术学院和杜塞多夫工艺美术学院进行美术教育体系的改革，并为改革实验提供思想和物质帮助。在设计思想方面，他明确地表示出对机械的肯定。在 1914 年的制造联盟年会上，凡·德·维尔德代表了艺术家和手工艺人的利益，鼓吹艺术个性的自由发展。与此相反，穆特修斯则代表了制造商和工业设计者的利益，坚持机器制造产品的标准化。这个冲突不仅在制造联盟的条例中没有形成定论，而且还持续反映到包豪斯初期的教学导向上。在争论上，一方面是固守自由艺术的自我表现，而另一方面则是要探索在高度发展的工业社会能够满足大生产要求的形式语言。

2.2　包豪斯的理想

　　在第一次世界大战开始后不久，比利时人凡·德·维尔德出于政治关系（作为一个敌对国的侨民）的压力被德国政府要求离开魏玛。1915 年，维尔德在离任前推荐了瓦尔特·格罗皮乌斯（Walter Gropius，1883—1969）继任萨克森大公工艺美术学校（Grossherzoglich-Sachsische Kunstgewerbeschule）校长（图 2-6），可能出于 1914 年他与穆特修斯在"德意志制造联盟"会议上的争论中格罗皮乌斯坚定地站在了他的一边。格罗皮乌斯出身于德国柏林的一个建筑师世家，青年时代在柏林和慕尼黑学习建筑，他曾在贝伦斯的设计事务所当过几年助手，学习了建筑的新概念，后来他与人合办了独立的建筑事务所。在一系列的建筑中（图 2-7），显示出他进步的建筑思想，体现了利用技术并探索建筑结构建设与美学可能性的观念，这些使他

图 2-6　格罗皮乌斯，1919 年

图 2-7　德国法古斯鞋楦工厂厂房，格罗皮乌斯和 A.迈耶设计，1911 年

在第一次世界大战前便崭露头角。格罗皮乌斯深受德意志制造联盟的信条及其创建者之一贝伦斯的影响，认为在现代设计中取得高水准的最有效的方法是把设计和工业结合起来，用设计重塑一个更加和谐及完全民主的德国。他于 1910 年间就计划建立了他的前瞻性建筑目标，他在当时发表的论文《论现代工业建筑的发展》[1]中呼吁建筑工作与工业的联合，认为艺术和技术将会幸福地结合，大量公众将获得真正成熟的优秀艺术和实在的日用品，并强调房屋建设的工业化概念，希望通过合作化大生产的方式承诺设计出低成本与易维修的房屋。同时他还讨论了功能主义和坚固性。由于深受 1918 年德国左翼组织"十一月会社"（The November Group）革命的感召，当时在柏林由艺术家和知识分子组成了一个"艺术工作苏维埃"团体，格罗皮乌斯担任了一段时间的主席，并起草了宣言："艺术和人民必须达成一致！艺术将不再是只为一小部分人所消遣，而是大多数人生活的享受。我们的目标是伟大的建筑包容之下的艺术的融合……"[2]该宣言中强调集体主义精神，希望通过前卫的艺术家、设计家和其他文化人士的联合，谋求艺术与人民大众的紧密联系，以此改造德国文化、促进社会变革。这个社会目标的基础后来也成为包豪斯的一部分。

　　第一次世界大战刚结束，魏玛政府内务官员弗利希（Frith）任命格罗皮乌斯为萨克森大公工艺美术学校和萨克森大公美术学院（Grossherzoglich-Sachsische Hochschule furbildende Kunst）校长。1919 年 3 月 20 日，经大公同意将以上两所学校合并，成立"国立包豪斯"（Des Staatliches Bauhaus）。由格罗皮乌斯发明的"Bauhaus"一词是对德文"bau"（房屋）和"haus"（建筑）两词的合并，表明格罗皮乌斯以建筑设计作为教学重点的愿望，只是由于初期资金短缺和教育基础所限，包豪斯的建筑系本科直到 1927 年才得以设置。格罗皮乌斯在面向德国公众发表的《包豪斯宣言》中明确提出：

---

① Rainer K Wick，*Teaching at The Bauhaus*，（Hatje Cantz，2000），p38.
② Rainer K Wick，*Teaching at The Bauhaus*，（Hatje Cantz，2000），p38.

"一切造型活动的最终目标是建筑。建筑装饰曾是造型艺术尤为重要的课题，是造型艺术与宏大的建筑技术不可分割的组成要素。今天，它们却在固步自封之中止步不前。造型艺术将从一切艺术家之间的有意识的共同活动和相互作用中再次脱颖而出。建筑家、画家以及雕塑家们必须重新在整体中、局部中熟悉和把握建筑的内涵复杂的形态。这样，人们将自然会从他们的作品中重新看到沙龙艺术中所失去的建筑精神。"①

图2-8 包豪斯宣言封面插图，费宁格设计，1919年

从这个宣言中可以明显看出回归中世纪手工艺行会联盟的理想。在宣言书的封面上呈现着包豪斯首批教师费宁格（Lyonel Feininger，1871—1956）的一幅德国表现主义风格的木刻作品《社会主义的大教堂》（图2-8），画面以中世纪哥特式教堂的形象象征包豪斯精神，希望创造未来的新结构——这种结构将把建筑、雕塑和绘画综合成一个整体，而这个整体有朝一日则会从广大工人手里升到新信仰的天堂。在这个宣言里附加的包豪斯计划中，格罗皮乌斯声明："通过在作坊和依据实验的实际场地所获得的手工艺训练，在于要求全部学生掌握一切艺术生产所必需的基础知识与技能。技术不一定需要艺术，但是艺术肯定需要技术。因此，每个学生都必须学习一门（最好多门）工艺。"②格罗皮乌斯尝试把各种不同的技艺吸收进来，相信通过这种新的教育方法可以培养学生明确地认识自身所处时代的生活方式，并可以把他们教育成较为全面的创造者。

格罗皮乌斯创立包豪斯的中心思想之一，是他认为艺术与手工艺不是相对立的，而是一个活动的两个不同方面，包豪斯应该将艺术与技术结合成为一个新的、适合时代的整体。因此，他希望能够通过教育改革，使它们得到良好的结合。强调工艺、技术与艺术的和谐统一，是他长期以来的理想。③这种思想在他撰写的《包豪斯宣言》当中就可以看出。《包豪斯宣言》的主要内容可以概括为三点：其一，建筑是包豪斯教学的主要目标；其二，艺术家和手工艺人在创造的本质上地位同等；其三，包豪斯的理想是艺术与手工艺

① （日）中川作一著，《视觉艺术的社会心理》，许平、贾晓梅、赵秀侠译，（上海：上海人民美术出版社，1991），第258页。
② （德）伯恩哈德·E·布尔德克，《产品设计——历史、理论与实务》，胡飞译，（北京：中国建筑工业出版社，2007），第27页。
③ 王受之，《世界现代设计史》，（北京：中国青年出版社，2002），第136页。

图 2-9 约翰·伊顿，
1921 年（左）
图 2-10 杜斯伯格与莫霍
利·纳吉合作设计出版的书
籍《新格式塔的基本观念》
的封面，1925 年（右）

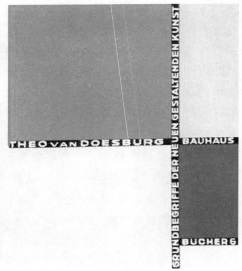

技术的统一。格罗皮乌斯在任期间始终保持办学初衷，并在此基础上与时俱进地做出调整。格罗皮乌斯相信艺术家具有将生命注入工业产品的能力，期望艺术家参与的设计活动能够在审美和道德方面发挥积极作用。因此，包豪斯成立之初聘用的教师多是画家，其余少部分则是建筑师、雕塑家和工匠。魏玛包豪斯早期进行的"双轨制"教学在原则上安排"形式大师"与"技术大师"享有平等的地位，但在实际上，各个作坊中"形式大师"的意见居主导地位，多数画家对作坊工作反应冷漠。这种偏差愈演愈烈，逐渐导致了伊顿（Johnnes Itten，1888—1967）（图 2-9）和表现主义主宰教学的局面，个人主义的倾向使得魏玛包豪斯陷入危机之中。此时，已有许多俄国构成主义者和荷兰风格派画家来到德国，开始对包豪斯产生影响。其中"构成主义"者李西茨基（Lissitsky，1890—1940）在柏林期间与莫霍利·纳吉等人共同组成了构成主义集团。李西茨基通过演讲的方式在包豪斯宣扬俄国构成主义思想。同时，作为"风格派"代表人物之一的杜斯伯格（Theo van Doesburg，1883—1931）于 1921 年受格罗皮乌斯之邀访问包豪斯，之后便以魏玛为基地而发行他所主办的《风格》期刊（图 2-10），传播风格派和构成主义的思想，并对包豪斯当时流行的表现主义、个人主义和神秘主义的教学方法进行了攻击，他还在包豪斯校区附近建起了工作室，开设讲座，吸引包豪斯一些学生前去听课。杜斯伯格原本期待能得到格罗皮乌斯的聘用，但最终未能如愿，因为格罗皮乌斯认为他过于争强好胜和言论武断而不适合当一名教师。[①]当时，风格派和构成主义对抽象形式的探索以及单纯化、简洁的几何造型形式，对应了工业生产技术条件并追求实用的目的，而这正是包豪斯教学理念上所期望的普适性的形式语言，也体现了工业化社会的时代

---

① Rainer K Wick, *Teaching at The Bauhaus*, (Hatje Cantz, 2000), p38.

发展要求。格罗皮乌斯从这些抽象艺术的理念中找到了现代设计教育的方法与标准。

1922 年 10 月，格罗皮乌斯劝退了伊顿，并着手引进新的教员。在新引进的教员中，莫霍利·纳吉发挥了至关重要的作用，集中体现在对基础课程的完善和理性主义教学思想的确立，从而在一定程度上促成了包豪斯教学作风的转变。1923 年之后，格罗皮乌斯修订了包豪斯初期的手工艺方向，决定性地转向艺术与工业技术结合的道路。包豪斯逐渐变成一个教育生产工业产品原型的学院，这既是基于工业化制造的现实考量，又是适应广大民众的社会需求。包豪斯设计活动的目标，是为大众设计出价廉物美的实用产品。这种功能概念在莫霍利·纳吉看来是常常包含一种社会态度，即"掌握生活与工作条件，并认真处理大众需要的事情"[①]。这种功能意味两方面的结合：让工业生产条件（技术、结构、材料）与社会条件（大众化需求及社会统筹）在设计中取得协调。从此，包豪斯升级为一所设计学院，标准化、系列化和批量生产成为包豪斯工作的支柱，各个作坊积极承担工业项目，学生通过参与设计任务而得到切实的指导，一些作业被企业采用并投入了批量生产，成为经典的设计。从魏玛包豪斯后期至德绍包豪斯的整个时期，师生们在实验性的作坊里开展与企业的合作和生产实践活动，所设计的原型范围大至整套住宅，小到一把茶壶，使用净化了的几何形式语言来适应机械化技术加工条件，通过经济的生产手段，试图改善人们的全部生活方式。

包豪斯的这一结合了基本的社会目的的理念即把社会责任作为设计教育的基本出发点贯穿于办学过程始末。包豪斯精神凝聚了乌托邦、理想主义和共产主义目标。在格罗皮乌斯看来，包豪斯是一个乌托邦式的微观世界，是他关于团队精神、社会平等与和谐、社会主义理想和促进知识分子之间思想的真诚交流等殷切希望的实验场所。[②]至少在魏玛时期，教师与学生理解一种共同的、有建设性的生活哲学，正如莫霍利·纳吉所描述的，类似一种"亲密的社团"和"生活的学校"[③]。第二任校长汉内斯·迈耶（Hannes Meyer，1889—1954）强烈主张建筑与设计的社会功能，更加注重产品与消费者、设计与社会的密切关系，认为设计者必须为人民服务，为人民提供适当的产品以满足其基本需求，例如在居住方面，迈耶设计了大量集体工人住宅。这样看来，包豪斯开展的不仅是艺术教育，同时也是社会教育和道德教育，希望通过设计教育的途径达成理想社会的改造，参与解决世界面临的问题。即使学校时常遭遇外部势力的干扰与前途未卜的压力，师生们仍能同甘共苦，坚守理想。虽然包豪斯存在的时间很短暂，但是包豪斯的精神却影响和改变了世界现代设计和大众生活的面貌。

① Rainer K Wick，*Teaching at The Bauhaus*，（Hatje Cantz，2000），p38.
② 王受之，《世界现代设计史》，（北京：中国青年出版社，2002），第 136 页。
③ （德）伯恩哈德·E·布尔德克，《产品设计——历史、理论与实务》，胡飞译，（北京：中国建筑工业出版社，2007），第 27 页。

2.3　包豪斯基础阶段（1919—1923）

　　"艺术与技术——一种新的结合"是格罗皮乌斯办学的主导思想，为了达到这个结合的目的，他力图对教学体系进行改革，重点在于利用手工艺的训练方法为基础，通过艺术的训练，使学生对于视觉的敏感性达到一个理性的水平，而不仅仅是艺术家的个人见解。为此，设计教育应该是重视技术性的基础，加上艺术式的创造的合一，强调技术性、逻辑性的工作方法和艺术性的创造，是初期改革教学的中心。因此，作为技术性的、逻辑性的、理性的教育的根本，基础课程的教育改革自然成为他的改革的中心内容（图2-11）。

　　包豪斯的基础课程是多种艺术技能基础训练的核心部分，它于1919年至1920年间由伊顿引入，并作为教学计划的一个重要组成部分，是每个学生的必修课。这门课程的目的一方面是鼓励学生去试验开发自身的创造潜能，一方面是通过对客观的造型现象的理解，教授学生基本的设计技能。这样的教学是为了使学生理解不同形式感的和谐关系，并通过一种以上材料的使用去表达这样的和谐关系。通过多种材料和技术的训练，使每个学生找出最适合自己的造型范围及职业取向。基础课程关注的是学生的整体特性，因为它是为了解放学生的创造力和才能，使他们能够独立自主，并能通过直接的经验而同时获得材料和形式的知识。这就是预备教育的基本方针。

　　包豪斯对设计教育最大的贡献是基础课，由伊顿开创，是所有学生的必修课。伊顿是一个非常个性化的教员，他对艺术有着独到的见解，提倡"做中求学"，即在理论研究的基础上，通过实际体验探讨形式、色彩、材料和质感，并把上述要素结合起来。这一课程是为了释放学生的创造力，也是为了让他们理解自然材料，并使他们熟悉视觉艺术中创造性行为的基本原则。不过，他的教学法往往是将神秘的宗教和科学视觉教育混作一体的，对学生来说，具有积极的和消极的双面影响。[①]他强调直觉与个性，鼓励完全自发和自由的表现，追求未知，甚至用深呼吸和振动身体来开始他的课程，以获取灵感。在他的基础课中，学生必须通过严格的视觉训练，对平面、立体形式，对色彩和肌理有完全的掌握。他的课程有两个重要方面：一是强调对色彩、材料、肌理的深入

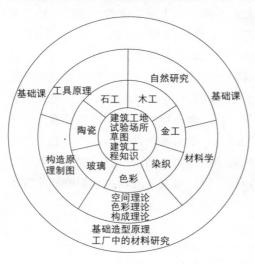

图2-11　包豪斯课程设置，1922年

（图中文字：自然研究　基础课　工具原理　基础课　石工　木工　建筑工地试验场所草图建筑工程知识　金工　陶瓷　染织　材料学　构造原理制图　玻璃　色彩　空间理论色彩理论构成理论　基础造型原理工厂中的材料研究）

---

① 王受之，《世界现代设计史》，（北京：中国青年出版社，2002），第145页。

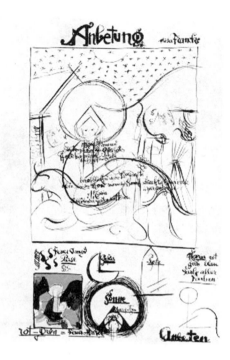

图 2-12 伊顿于 1921 年对古典绘画作品的结构与韵律分析（左）
图 2-13 分析大师弗兰克作品《崇拜》构图时画的草图，表明伊顿试图揭开每幅绘画的基本设计及其包含的精神实质，以作为一种教学手段，1921 年（右）

理解，特别是二维和三维，或者平面与立体的形式的探讨与了解；二是通过对绘画构图的分析，找出视觉的规律，特别是韵律规律和结构规律这两个方面的规律，逐步增强学生对自然事物的一种特殊的视觉敏感性，例如经过分析格列柯（EL Greco，1541—1614）、伦勃朗（Harmensz Van Rijn Rembrandt，1606—1669）等大师的作品（图 2-12、图 2-13），使学生理解每幅绘画的基本设计原理及其所表达的精神品质，并致力于与形态研究同等重要的色彩构成法则的教育。他的基础课因为把色彩、平面与立体形式、肌理、对传统绘画的理性分析混为一体，因此具有强烈的达达主义特点，也具有德国表现主义绘画创作方法的特点。但是，伊顿的浪漫、超脱甚至极端的宗教信仰则同时把这种色彩、形体的教育引入神秘主义境界。他对艺术中个人主义精神内容和艺术上的唯灵论的强调，使学校陷入了改变美学导向的论战中。

不过，伊顿对包豪斯的最大功绩在于开设了现代色彩学的课程。他对色彩理论研究得很深入。伊顿在斯图加特美术学院的老师阿道夫·何泽（Adolf Hoelzel）是一个色彩专家，深受当时德国著名的色彩理论学家约翰·歌德（Johann Wolfgang von Goethe）的影响，他主张从科学的角度研究色彩，伊顿也接受了这种观念，他对于色彩的对比、色彩的明度、色彩的结构和冷暖色调的心理感觉都很重视。经过他的讲授，学生形成了对于色彩的理性认识，并且能够熟练地运用色彩构成（图 2-14、图 2-15）。

康定斯基（Wassily Kandinsky，1866—1944）（图 2-16）对于包豪斯基础课程的功绩主要有两方面：一是分析绘画，二是对色彩与形体的理论研究。他的教学是从纯粹抽象的色彩与形体开始，然后把这些抽象的内容与具体的设计

图2-14 伊顿在柏林美术学校主持基础教学，1925年（左）
图2-15 柏林美术学校学生在伊顿指导下的课堂训练，1925年（右）

图2-14 伊顿在柏林美术学校主持基础教学，1925年（左）
图2-15 柏林美术学校学生在伊顿指导下的课堂训练，1925年（右）

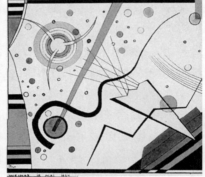

图2-16 康定斯基，1925年（左）
图2-17 康定斯基《关于灰色》，1923年（中）
图2-18 保罗·克利，1925年（右）

联系起来，例如表现色彩的温度与形式的变化关系（图2-17）。他要求学生设计色彩与形体的单元体，然后再把这些单元体进行不同的组合，从中体验形与色的结合方式和视觉效果。他还对色彩的纯度、明度和色相之间的调和关系作出示例。这种理性的教学方式使学生清晰地理解了色彩与形体组合的规律，并能够得心应手地运用到设计上。

保罗·克利（Paul Klee，1879—1940）（图2-18）的教学思想与伊顿、康定斯基相一致。不过，他更强调不同门类艺术之间的关系，例如绘画与音乐的对应关系。他认为最高的视觉感受是难以把握的，是不可言传身教的，而只能通过神秘的感觉得到，因而他的理论课程则是强调感觉与创造性之间的关系，他对点线形态都赋予心理特征和象征内容，并注重各个形态之间的依存和交融关系（图2-19）。克利的课程有：自然现象的分析；造型、空间、运动和透视研究。

包豪斯的基础课程的特点是有严谨的理论作为教学思想，伊顿、克利和康定斯基均把基础课程建立在透彻的理论体系基础上，他们在基础课程的教学中都强调对于形态和色彩的系统研究，他们都出版了自己的课程教材，例如克利的《速写教学法》（Pedagogical Sketch book）、康定斯基的《点、线和面》（Point and Line to Plane）、伊顿的《造型与形式构成》。

图 2-19　保罗·克利为包豪斯提灯节设计的邀请卡．手工上色的平版印刷品，1922 年

　　由于包豪斯的第一批教员多是先锋派画家，他们倾向形而上学的思维，强调艺术和设计的精神而非物质方面，他们重视理论思辨，造成在教学上的讨论多于行动、构思多于制作。同时，教学思想和内容仍停留在主观表现和手工艺技术层面，机器与新材料等反映科学技术的因素没有在课程中得到重视。格罗皮乌斯开始意识到这种个人主义思潮的泛滥使学院陷入危机之中，这种状况更不利于艺术与技术的统一。格罗皮乌斯决心把造成无政府主义、神秘主义的因素根除。1922 年 10 月，格罗皮乌斯公开劝说伊顿辞职。他的位置则被格罗皮乌斯聘请的一个新人——莫霍利·纳吉所取代。

2.4　包豪斯巩固阶段（1923—1928）

　　伊顿坚持远离格罗皮乌斯要求的艺术与技术整合的目标，尽管他的图画语言是现代性的，但他却很少敢于超越架上绘画的界限。与此相反，莫霍利·纳吉作为先锋派艺术家，全然地专注于探索新的艺术媒体，结合机械化再复制的媒介带来艺术自身的构思，并在先进的工业社会里为艺术设立一个新场所。对伊顿来说，艺术的活动首先是个人的活动。但对莫霍利·纳吉来说，与社会关联的美学生产的问题则是重要的事业核心之一。

　　1923 年春，莫霍利·纳吉被格罗皮乌斯邀请到魏玛包豪斯（图 2-20），当时他只有 27 岁。作为一个艺术家从事活动仅有几年时间，但他成功地成为一个实验的设计师则是引人注目的。并且，尽管莫霍利·纳吉缺乏一定的教师资历，但格罗皮乌斯凭直觉认识到了这个年轻艺术家的天赋和潜力，也意识到莫霍利·纳吉将会在包豪斯执行他的路线。格罗皮乌斯独具慧眼地选择了莫霍利·纳吉，当然，莫霍利·纳吉没有使他失望。事实上，莫霍利·纳吉在包豪斯的教育生涯不足六年，格罗皮乌斯后来称"莫霍利·纳吉是天生的教育家，他的教育决定性地影响了包豪斯的发展"[①]。聘用莫霍利·纳吉，体现了格罗皮乌斯思

① Rainer K Wick，*Teaching at The Bauhaus*，（Hatje Cantz，2000），p31.

图 2-20 莫霍利·纳吉，
1925 年

"Design is not a profession
but an attitude... Thinking in
complex relationships."
- László Moholy-Nagy

想上的一次转变。他在聘用伊顿时期的基本教育立场其实与半个世纪以前的英国"工艺美术运动"的原则立场并没有本质的区别，当他从以前比较重视艺术、手工艺转变到强调理性思维、技术知识的教育时[1]学院的教学方向开始朝大工业化生产的理念转化。

在魏玛当局的民族主义者看来，包豪斯在形式语言上太过于追求"四海大同"，它忽视了德意志的文化价值，并且在聘用康定斯基等外国教师的过程中表现了其苏联社会主义思想。学院号召要同工业界建立密切的联系，这使得当地那些保守的工匠们比以往更强烈地反对包豪斯。对普通市民来说，他们对政府将税收款项花在这所离经叛道的学院上表示不满，因而也就一道接受反包豪斯的宣传。1924 年 9 月，图灵根教育部长通知宣告包豪斯预算将被削减一半，并警告学院教师们当前能够提供的教学合同有效期最长不会超过6 个月。此事公开后不久，格罗皮乌斯受到了其他一些德国城市的邀请，其中包括法兰克福，它们期待的不仅是包豪斯给城市带来的声望，更在于当地产业界将从学院中收益活力。经过讨论和考察，学院议会接受了距柏林较近的德绍的邀请。

1926 年 12 月，德绍包豪斯校舍落成，同时期，官方批准包豪斯为造型学院，作为市立的大学。德绍包豪斯的教学体系开始转变，设有实践实验部，魏玛时期的形式导师与工作坊导师的双轨制被放弃，并改称导师为正式的教育职称教授，学院聘用各种工匠来协助实习，但他们不再像魏玛时期那样与教授享有同等地位。魏玛时期的自由主义和个人主义被放弃，转而发展到严谨的教学体系

---

① 王受之，《世界现代设计史》，（北京：中国青年出版社，2002），第 154 页。

图 2-21 1926 年德绍包豪斯的教师们，自左至右为：艾尔伯斯、谢帕、乔治·穆希、莫霍利·纳吉、拜耶、施密特、格罗皮乌斯、布劳埃、康定斯基、克利、费宁格、施托尔策、施莱默。

上。一些旧的工作坊被关闭，并对各工作坊进行了更新调整。1927 年建筑系开始招生，由建筑师迈耶担任系主任。

德绍包豪斯一共有 12 个教师（图 2-21），其中有 6 个是本院早期的毕业生留校工作，有阿尔伯斯（Josef Albers，1888—1976）、拜耶（Herbert Bayer 1900—1985）、布鲁尔（Marcel Breuer，1902—1981）、谢帕（Hinnerk Scheper，1897—1957）、施密特（Joost Schmidt，1893—1948）和斯托兹（Gunta Stolzl，1897—1983）。他们都具有在魏玛包豪斯数年学习中积累的经验，被看做是包豪斯精神的体现者，都是以艺术与技术的统一为目的培养出来的设计家，肩负起了教育与生产的实际责任。这些人是通过形体与手工、艺术与技术两方面培养出来的，因此消除了形体师傅与手工师傅的区别。在这一点上，这些年轻的教师们呈现出与他们的老师一代普遍从绘画形式出发的地方有不同的风采，他们比较多元化，即不过于专一某个设计范畴，因而能够提供具有弹性的教育。由于他们有比他们的老师更加丰富的设计实践经验，也就更加能够产生各种实际问题的解决方法。由于年纪比较轻，使得他们与学生之间的关系会更加密切。他们的身份演化，实现了格罗皮乌斯最初的理想之一。这个教师结构的组合，其实是格罗皮乌斯的意愿，他希望用新一代来改变教学的模式。拜耶负责印制工作坊，布鲁尔负责家具工作坊，谢帕负责壁画工作坊，施密特负责雕塑工作坊，斯托兹负责编织工作坊，阿尔伯斯和莫霍利·纳吉共同负责基础教育，克利和康定斯基专门负责基础的形体教育，施莱默（Oskar Schlemmer，1888—1943）负责舞台工作坊。

2.4.1 金属工艺作坊的成就

包豪斯金属工艺作坊最早是在伊顿和施莱默的领导下。施莱默注重手工艺品质，即使在作品的装饰感觉上有着几何形式元素的体验，但却难以适应未来机械化生产的方向。与此相反，从 1923 年起，莫霍利·纳吉成功地完成了朝

图 2-22　德绍包豪斯的
金属作坊，1927 年

向工业设计的转变（图 2-22），这在包豪斯发展时期具有典型意义。尽管莫霍利·纳吉自己在当时并没有为产业设计任何原型，但是他在教学中积极地倡导工业化大生产的概念，开展研制家居和办公用品

模型的实践性活动，帮助学生与厂家进一步落实设计方案，致力于用金属与玻璃结合的办法指导学生实习，为灯具设计开辟了一条新途径，在这里出现了许多包豪斯最有影响的工业产品。他努力把学生从个人艺术表现的立场转变到比较理性地、科学地了解和掌握新技术和新媒介。他指导学生制作的金属制品都具有非常简单的几何造型，同时也具有明确、恰当的功能特征和性能。这些成果也为包豪斯其他教学作坊树立了榜样和标准。莫霍利·纳吉领导下的金属工艺作坊是包豪斯第一个圆满实现由格罗皮乌斯制定的"包豪斯设计生产的原则"意图的部门。从某种程度上来看，格罗皮乌斯把艺术与技术结合的理想是在德绍的工作坊实现的。1926 年，格罗皮乌斯在德绍包豪斯出版的宣传册中提出了"包豪斯的生产原则"：

　　物品的本质由其用途所决定，因而设计时应当注重功能的发挥，无论是一个容器、一把椅子，还是一栋住宅，它们的本质内容都是首当其冲的考虑因素。符合基本用途是第一位的，这就意味着在实现功能的同时，还要做到耐久、经济和美观。对于物品本质的探索体现在所有新时代的创作手法之中。因此，这些源于传统而又脱离传统的物品形式看上去就显得不同寻常和标新立异。只有持续地去追寻新科技的发展，跟上新材料和新创作方法的发展，设计者本人才可能获得注入传统内容以新的活力的能力，形成全新的设计态度。包豪斯寻求促进国内大环境的发展之路，小至简单实用的家庭用品，大至设备齐全的住宅，都要求其符合时代的精神。由于确信住宅与其中的物品应当有机地结合在一起，包豪斯试图努力通过系统的理论和实践中形式、科技乃至经济的发展，以此把每一个物品在原有功能的基础上进一步发扬光大。
　　包豪斯的作坊基本上是实验室，在这种实验室中制作出的产品原型适宜于批量生产，我们时代的特征在这里被精心地发展和不断地完善。在这些实验室中，包豪斯打算为工业和手工业训练一种新型的合作者，他们同时掌握技术和形式两方面的技巧。为了达到创造一批满足所有经济、技术和形式需要的标准

图 2-23　德绍包豪斯金工作坊的部分设计形成产品，1925—1928 年
图 2-24　德绍包豪斯金工作坊的部分设计形成产品，1925—1928 年
图 2-25　德绍包豪斯金工作坊的部分设计形成产品，1925—1928 年
图 2-26　德绍包豪斯金工作坊的部分设计形成产品，1925—1928 年
（从左至右）

原型的目的，就要求选择最优秀、最能干和受过完整教育的人，他们富有车间工作的经验，富于形式、机械以及它们潜在规律的设计因素的准确知识。[①]

　　莫霍利·纳吉在原则上同意由包豪斯领导者制定的意图，并主张根除纯艺术，而代之以强大的俄国构成主义思想体系，完全崇尚与社会主义思想相适应的机械美学理论，不仅共同坚守关于遵照工业设计的社会功能的信念，而且呈现出一批为产业而设计的相当具体的原型，以致一些产品在后来长期作为经典的设计，如学生玛丽安娜·布兰特（Marianne Brandt，1893—1983）、威廉·瓦根菲尔德（Wilhelm Wagenfeld，1900—1990）等人设计的灯具、玻璃与金属器皿（图 2-23 ~ 图 2-26），把莫霍利·纳吉所倡导的构成主义的形式审美应用于室内用品，并以此开创了一系列现代家居用品，具有明显的社会化姿态，以至于这些被视为无名产品的设计成为了日常文化的一部分。在 1928 年早期，莫霍利·纳吉与雷普兹（Leipzig）灯具制造商签署了生产协议，把金属工艺作坊所做的不同种类的灯具设计方案提交给公司的技术人员进行完善，实现了廉价的大批量生产。到 1932 年，雷普兹公司（品牌为"Kandem"）销售出了五万多件由莫霍利·纳吉所在金属工艺作坊设计的灯具，也为包豪斯增加了经济收入，从而缓解了学院长期以来办学经费不足的困难。这是金属工作坊成功的事例之一，并被学院授予了专利权，至今这项设计还在应用于生产。[②]

　　在包豪斯得以巩固期间，莫霍利·纳吉为学院发展付出了坚持不懈的努力，这不仅贯穿于他坚持把包豪斯原则运用到设计实践上，也体现在把这种原则贯穿于他的基础课程的教学中。

2.4.2　基础课程的完善

　　莫霍利·纳吉领导下的基础课程包括：理论、基础设计和实践环节。其中，

① （英）弗兰克·惠特福德，《包豪斯大师和学生们》，陈江峰、李晓隽译，（北京：艺术与设计杂志社，2003），第 120 页。

② （英）朱迪斯·卡梅尔·亚瑟，《包豪斯》，颜芳译，（北京：中国轻工业出版社，2002），第 19 页。

图 2-27 莫霍利·纳吉主持的基础课程作业，1924年（左）

图 2-28 阿尔伯斯主持的基础课程训练作业，1929年（中）

图 2-29 阿尔伯斯主持的基础课程训练作业，1929年（右）

担任理论教学的是康定斯基和克利，担任基础设计教学工作的是莫霍利·纳吉，实践环节由阿尔伯斯监督负责。基础设计和实践环节的课程对所有作坊的学生开放。莫霍利·纳吉的课程内容有：悬体练习、体积与空间练习、不同材料结合的平衡练习、结构练习、肌理与质感练习、铁丝与木材的结合练习、设计绘画基础（图 2-27）。阿尔伯斯的课程内容有：组合练习、纸造型、纸切割练习、铁皮造型练习、铁丝构成练习、错觉练习、玻璃造型练习（图 2-28、图 2-29）。康定斯基协助莫霍利·纳吉担任第一个学期基础课程的指导，课程内容称为"对象分析"，例如将组成桌子、椅子、笼子等对象的特征形态抽出来，还原为单纯形式的整体，然后用各种各样的线条，来表现被看做是对象构成的各类严谨的关系，再次构成对象。康定斯基的意图在于通过这种对绘画元素的分析与构成，训练学生理性的思考和综合的思考，是从理论和实践两个方面来培养广泛适应的造型能力。因此，这不是单纯地培养画家的教育，其目的在于使学生超越绘画的界限，通过形式法则引导他们进入综合制作活动。[1]

同时，施密特负责的雕塑工作坊从侧面辅助基础教育。尽管这个工作坊称为雕塑，然而却完全改变了它在魏玛时期的性质，不再以制作艺术品为目的，而是专门以研究空间与立体的关系的基础教育为目的，使用石膏制作成球体、圆柱体、圆锥体、双曲面体，通过这些基本几何形体创作出形式的多样组合，进行立体构成的训练。

伊顿的功绩在于他首创的初级教程，强调了在实践中学习，还注重对材料特性的直观体验。相应地，莫霍利·纳吉在此方面首创的贡献在于把从直觉上理解材料内在本质的思想转到了对它们的肌理、强度、延展度、透明性等客观的、物理性的定性分析的思想上。莫霍利·纳吉特别安排了"触觉"训练，以达到"通过实际体验对材料的一个把握……而这些是在通常的学校教科书和传统课程练习方面从未涉及到的"[2]。与伊顿当初只对古典艺术作品展开分析有所不同，莫霍利·纳吉提示他的学生通晓构成主义的反艺术美学观点。依据他的创意方

---

[1] （日）利光功，《包豪斯：现代工业设计运动的摇篮》，刘树信译，（北京：中国轻工业出版社，1988），第 107 页。

[2] （英）弗兰克·惠特福德，《包豪斯大师和学生们》，陈江峰、李晓隽译，（北京：中国艺术与设计杂志社，2003），第 121 页。

图 2-30　阿尔伯斯，1929
年（左）
图 2-31　基础课程作业，
1926 年（右）

面的理论，莫霍利·纳吉鼓励他的学生们从木材、铝、玻璃、金属丝网和其他
材料中寻找创新主题，主题不仅仅只是功能，因而他期待学生们从不同思路实
现他们的意念。

　　莫霍利·纳吉与助手阿尔伯斯（图 2-30）在基础课程中对知觉方面进行
科学试验，运用某些物理学原理对材料与形态的关系进行分析，由观察上升到
建构。他们简化了对课程的限定，使客观存在的三维形式得到更合乎逻辑的表
现方法。在他们的引导下，基础课程的内容具有一种更为标准化的特征，走向
了建立在共同认识之上的方法论，使得新的感官结构建立于视觉标志的组成元
素，如点、线、面、体、位置和方向，形态构成则是建立在这些基本构图元素
之间可变化的关系上，这种几何元素组合也适合于批量生产的简约原则。这些
造型基于理性，并凭借直觉用方位强调各种视觉元素的内在客观联系（图 2-31）。
他的教学目的是要学生掌握设计表现技法、材料、平面与立体的形式关系和内
容以及色彩的基本科学原理。他的努力方向是要把学生从个人艺术表现的立场
上转变到比较理性的、科学的、对于新技术和新媒介的把握上。他指出设计的
过程应是完全理性的过程，他指导学生制作的金属制品，都具有非常简单的几
何造型，同时也具有明确、恰当的功能特征和性能。他还始终专注于材料在实
际实践中的运用，同时对机器十分专注，即把它当作一种理性的现代技术手段
的比喻，象征着标准化的零部件生产及制造出强调细节的工业制品。广义的几
何形式代表工业进步精神的"标准样式"，在其理论基础上和数学等式一样精
确无误。机器制造中对个性的明显忽略也是被莫霍利·纳吉所推崇的，而其价
值在于它释放出的是一种集体的、大众的重要性，一种被第一次世界大战后的
工业化批量生产需要推上历史舞台的现代乌托邦思想。

　　在教学上，莫霍利·纳吉教导学生学会观察与思考，把握线条、影调、空

图 2-32 空间构成练习,
1926 年（左）
图 2-33 阿尔伯斯讲评基
础训练作业.德绍包豪斯,
1929 年（右）

间等形式要素之间的关系。这种教学方法，促使学生仔细研究周围的物体，从中找出不被人所注意的形式和设计。他还鼓励学生利用投影的造型，使其成为安排画面的一个因素。莫霍利·纳吉强调形式和色彩的理性认识，注重点、线、面的关系，通过实践，使学生了解如何客观分析两度空间的构成，并进而推广到三度空间的构成上（图 2-32），这就为设计教育奠定了三大构成的基础，也意味着包豪斯开始由表现主义观念转变到理性主义观念。同时，他要求学生认真掌握设计的表现技法、材料、平面与立体形式关系和内容以及色彩的基本科学原理。在这一时期，他把学生从个人主义艺术表现的立场调整到理性、科学的对新技术、新材料和新媒体的掌握上来。通过介绍普遍的设计基础和技术知识以及实物的操作技能（包括模型制作和表达技巧）和基本手段（形态、色彩、形式法则、材料与质感等）的精确实验，培养学生敏锐的感知能力，使其获得严谨缜密的思维方式，从而教给学生一种与他们日后在各项设计领域工作所需要的思维方式。阿尔伯斯在包豪斯后期负责基础课程教学，他也延续了这种理性主义教育思想及方法（图 2-33）。

2.4.3 现代主义先锋派观念的汇集：《包豪斯丛书》的编辑

1923 年以后，包豪斯以"艺术与技术：新的统一"作为设计教育的核心方向，将工业时代的设计师作为培养目标。从 1923 年开始至 1928 年是包豪斯发展的黄金时期，也是包豪斯获得国际性声誉、确立其独特原则的重要时期，更是设计教育由传统的工艺美术教育走向现代工业设计教育的转折点。

在这一时期中，莫霍利·纳吉、阿尔伯斯和拜耶等一批年轻的教员通过各自的教育实践、设计实验和理论阐述，对包豪斯体系的确立及推广发挥了重要作用，他们对包豪斯的贡献不仅与伊顿、康定斯基、克利等人共同使得包豪斯成为探究抽象造型原则的重要国际中心，也使得包豪斯逐渐成为抽象艺术和现代建筑的一个发展中心。在德绍包豪斯的初期，这些青年导师们作出了卓越贡献，塑造出包豪斯的个性以及作品，造就了包豪斯的鼎盛时期。

大约从 1924 年起，包豪斯的建筑和产品设计开始不约而同地流露出可辨识的所谓"包豪斯风格"（图 2-34），尽管这并非包豪斯的主观愿望，格罗皮乌斯也曾否认出现过这种状况，"包豪斯并不想发展出一种千人一面的形象特征，它所追求的是一种对创造力的态度，它的目的是创造多元性"[①]。而且在客观上，这样的风格也不可能只由某个人刻意培植出来，但是包豪斯成员在这种他们创造出的反映世界的形式中发现，他们自己很自然地表现出了一致性，诸如几何形态、空间网格、光洁的涂料、钢铁和玻璃的使用等，所有这些因素通过不断地重复，最终汇聚为一种统一的风格。

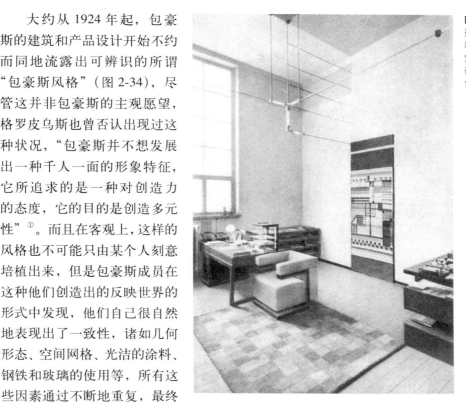

图 2-34　格罗皮乌斯在包豪斯的院长办公室，家具和装饰品皆由包豪斯工作室制作．包括格罗皮乌斯设计的杂志架和莫霍利·纳吉设计的照明装置。

在 1923 年 8 月至 9 月间，包豪斯举办了首届教学成果展览，在 1924 年参加了莱比锡博览会，师生们的设计作品涉及建筑设计、家具设计、纺织品设计、印刷品设计、陶瓷设计、首饰设计等不同内容，获得了世界性的关注。1926 年由全体师生共同参与设计的德绍新校舍及其设施，不但成为包豪斯理性的设计观念和集体主义精神的物化呈现，而且在现代设计发展史上具有里程碑式的意义，成为现代主义设计的经典范例。

与以上这些固定的建筑设施以及临时的展览会相比，若是从形象影响的广泛性和持久性上来看，包豪斯的各种印刷品设计和丛书的出版是最突出的。在 1925 年至 1930 年间面世的具有探索性的 14 卷本《包豪斯丛书》（格罗皮乌斯和莫霍利·纳吉是这套丛书的合编者），向世界介绍了包豪斯的观念和理想。其意图是基于一切造型领域相互密切关联这样一种认识，通过处理和探讨艺术、科学、技术诸问题，阐明被单一专业范围束缚的局限性，交流在各种造型领域内对问题的设立和研究方法及其成果，希望以此来创立个别知识的比较基准，以及在其他分科中的发展。为此，编者请求各国专家协助编审出版，原计划出版 40 卷，但实际只出版了 14 卷，陆续由慕尼黑艾尔伯特·兰根出版社（Albert Langen Verlag）出德文版（图 2-35）。

---

① （英）弗兰克·惠特福德，《包豪斯》，林鹤译，（北京：三联书店，2011），第 216 页。

图 2-35　《包豪斯丛书》
封面之一，1929 年

在这套丛书出版之前，莫霍利·纳吉曾于 1923 年底向俄国构成主义代表人物亚历山大·罗德琴科（Alexander Rodchenko）寄送了关于包豪斯小册子的编辑计划，以征求他的意见和观点。这个由莫霍利·纳吉起草的一系列小册子的暂定计划中，包含了 30 个项目，与时事有关的主要是政治和社会问题。尽管莫霍利·纳吉是以包豪斯集体的名义，但在议题的范围上可以明显地反映出他独立于格罗皮乌斯的兴趣和意念。他请求罗德琴科阐释一下俄国构成主义的涵义，以安排在小册子第一组发表。作为最后一个的第 30 个内容是"乌托邦"。草案包括的问题有政治、宣传资料、技术、科学、医疗、经济、建设性地理学、具体科学问题、组织、与物理学和化学分析相关的玻璃以及其他材料的问题等等。

莫霍利·纳吉选择的科目还涉足人类学领域，也涉及关于宗教的两个议题，论及了哲学及玄学等其他科目，还谈到了俄国、匈牙利、美国等各种语言的文学以及当前新闻工作的评论等方面。小册子列举了大量关于摄影、电影、电影剧本、广告、具体的艺术、建筑、绘画和艺术作坊。小册子罗列了一些戏剧和马戏，还谈及声音、光、形体、动态和气味的综合，这些在后来被莫霍利·纳吉总结到关于包豪斯美学立场的著作中。

包豪斯丛书的原始计划，是要尽可能长远地展望一个完全的和包罗万象的世界——包豪斯感觉上的"全体的"世界。从 1924 年起，莫霍利·纳吉和格罗皮乌斯一起开始落实包豪斯丛书的具体项目，截止到 1930 年，这套丛书共计出版了 14 部，内容仅限于造型艺术范围，其意向在于汇合艺术中最重要的趋势。很重要的一点在于，包豪斯丛书的每一部专着均是由画家和建筑师写作的。各类著作反映了宽泛不一的态度，例如克利与杜斯伯格，他们两人几乎难以找到一致的基准面或者共同的分母。丛书的最大价值在于明确呈现出不强求一律的事实：无论他是否为包豪斯教员，每个人都可自由地表达独特观点，并尝试总结自身的教育或者艺术成就。

包豪斯丛书试图显示从表现主义到 20 世纪 20 年代所有最为典型的造型艺术问题。包豪斯成员方面，有克利的《课堂教学笔记》和施莱默的《包豪斯的发展》，有阿道夫·迈耶的《实验住宅》，有格罗皮乌斯的《德绍包豪斯建筑》（图 2-36）和《国际建筑》，以及格罗皮乌斯论述包豪斯师生近期作品的《新作品》，有莫霍利·纳吉的《绘画、摄影和电影》和《关于材料》，有康定斯基的《点和线》。
有荷兰风格派大师蒙德
里安的《新设计》和杜斯
伯格的《新设计艺术的基
本概念》，还有建筑师奥
德的《荷兰建筑》。有立
体主义者阿尔伯特·格勒
兹的《立体主义》，有俄
国至上主义者马列维奇
的《多余的社会》。以上

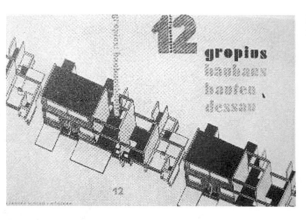

图2-36 包豪斯丛书封面
之一. 1928 年

这些著作都为当时的艺术提供了一个独特的国际化视角。《包豪斯丛书》代表
了现代艺术著作中最为集中和多样化的一次出版行动，也标志了包豪斯从地
方性的表现主义中走了出来，融入了现代主义设计的主流发展方向。莫霍利·纳
吉在这套系列丛书的编辑和出版工作上付出了较多的努力，也是通过这个创
造性的成就，展现了对欧洲先锋派艺术的理解，以期包豪斯的同仁均有像他
一样的那种宽泛的各种现代主义的基础。

以建筑与造型为内容的《包豪斯》季刊也是由格罗皮乌斯和莫霍利·纳吉
共同编辑的，于 1926 年创刊，中途有变更编辑和中断发行的情况，直到 1933 年，
包括合订本在内，共计出版了 14 册，主要撰稿人是以格罗皮乌斯、莫霍利·纳
吉、康定斯基、克利等人为首的包豪斯的教授队伍，也有雕塑家那乌姆·加博
（Naum Gabo，1890—1977）、勒·柯布西耶等校外建筑师、画家的参与。该刊
连续发表了论述与现代造型有关的诸类问题的文章，免费赠送给"包豪斯友好
协会"的会员。

2.5 包豪斯瓦解阶段（1928—1933）

正当包豪斯诸项活动顺利开展的兴旺时期，1928 年 2 月，格罗皮乌斯主
动辞职，作为在包豪斯同甘共苦工作了 9 年的首任校长，其断然离开是各种
各样因素集中的结果。首先，在德国，找不出第二个像包豪斯那样不受欢迎
且备遭迫害的学校，格罗皮乌斯说自己的工作有九成是对外防御战，未必是
夸张之词，他突然对这种被认为是耗费时间的工作感到厌烦以致疲倦，并非
不可思议；其次，德绍包豪斯逐渐引起的广泛的社会批评又开始与魏玛时期
颇为相似，格罗皮乌斯不再希望自己的时间浪费在行政管理事务上，他渴望专
门从事设计实践，况且包豪斯已经从无到有，成为了一个世界瞩目的设计教育
中心，院方与德绍市政府有着良好的关系，拨款经费充足，校舍建筑宽敞，教
学设备齐全，教师队伍阵容可观，学院与工业界已经建立了广泛的联系，因
而他感到这是自己可以放心离开的最佳时刻。至于校长候选人，他推荐了密
斯·凡·德·罗（Mies Van de Rohe，1886—1969），但很快就被密斯拒绝了，

图 2-37　汉内斯·迈耶，
1929 年（左）
图 2-38　室内家具作坊的
产品设计，1929 年（右）

接着，格罗皮乌斯推荐了迈耶（图 2-37）。

　　1928 年 4 月，迈耶接任了校长的职位。迈耶首先是继承格罗皮乌斯的理念及其确立的方针，谋求包豪斯的健全发展。为了补充教员的缺额，开始聘任兼职教员担任一些课程。迈耶将建筑系作为包豪斯的中心，并试图确立以科学的专业知识为基础的建筑教育体系，在建筑学科的内容明显充实的同时，并为科学的、学术的态度所支配。呈现出专业工科大学的景象。他把建筑系分成两部分，一个是建筑设计和建筑理论部，另一个是室内设计部（图 2-38）。并且，还创立了广告系（由摄影工作坊、雕塑工作坊、印刷工作坊组成），设立了新的摄影工作坊，提供三年制的摄影专业课程和学位课程，培养广告行业需求的摄影师和新闻行业需要的摄影记者。

　　迈耶重视学院的经济来源，除了从德绍政府取得的基本经费，亦促进各个专业与企业联系，一方面提供学生实习的机会，另一方面也创造了收入。迈耶在职期间，学院每年生产大约提高两倍，工作坊得到和月收入同额的盈利，1929 年作为工资支付给学生 3200 马克，成为包豪斯经济上最繁荣的时期。迈耶是彻底的功能主义的信奉者，坚决排斥在产品形成上的装饰或风格的艺术因素，否定脱离生活与功能的几何学的形象。迈耶反复对各个工作坊强调，教学的目的是应用，必须考虑到学生未来的工作和就业状况，并以此来确定教学内容。迈耶是马克思主义的拥护者，坚信共产主义理想和社会主义制度，认为一个设计家首先应该具有鲜明的政治立场，一个为无产阶级事业服务的立场。"为民众服务"是迈耶时常说的话，用以反复强调包豪斯的社会使命，例如在他担任教学的建筑系中，他要求学生不要过多地构思单一住宅方案，而把更多时间放在大众居住的宿舍和公寓设计上，同时考虑造价的低廉。他从政治角度出发，在包豪斯的理论课程中加上了社会科学内容，并且组织各种政治讨论，促进学生参与政治思考，把学校的政治空气推到一个前所未有的浓厚高度。迫于社会的压力，主要是德绍市政府的武断干预，1930 年迈耶被迫辞职。

1930 年 8 月，密斯（图 2-39）取代迈耶担任包豪斯的第三任校长，在教学上彻底排除政治因素，他希望把这所学校建立在建筑设计教育的基础上，以建筑为核心来凝聚其他专业，因而在包豪斯最后三年中的重点是建筑教育，对于建筑的功能要求、目的性都提出了明确的目的，课程也根据这个目的进行了大规模的修改和补充。1931 年，纳粹党控制了德绍市的市议会，包豪斯在德绍市中的政治支持也宣告结束。1932 年 9 月，德绍政府通知包豪斯关闭。

图 2-39 密斯·凡·德·罗，1931 年

包豪斯被迫关闭以后，有两个德国社会民主党执政的城市邀请学院迁去，但密斯几个月前就已决定把学院迁移到柏林去（图 2-40），作为一个私立学院开业，学院全称改为"包豪斯独立教育与研究学院"。1933 年德国纳粹政府上台后不久，就发出关闭包豪斯的命令。1933 年 8 月 10 日，密斯通知大家：由于财政原因，包豪斯永久解散（图 2-41）。

包豪斯在较短的时间里创造了神话与奇迹，它的设计教育理念和成果是集体智慧的结晶。真诚的事业把包豪斯人联系在一起。包豪斯汇集了一大批优秀师生，经历了不同时期和阶段的变革，由个性鲜明的包豪斯教员们共同建立了设计原则，从而将包豪斯师生的个人理想和社会理想统一起来，完成了现代设

图 2-40 柏林包豪斯（1932 年 10 月 —1933 年 4 月）1932 年包豪斯购买的柏林斯特格利茨区废弃的电话工厂

图2-41 1933年学生恩斯特·路易斯·贝克离开包豪斯时的留影

计教育从无到有的奠基，最终形成了设计教育文化的首创精神。包豪斯的历史意义及重要性并不是取决于它在工业设计上取得的有限成就以及造型语言的建立，而是其核心价值更多地在于它对设计师培育所开展的教育理念。包豪斯究竟是什么？密斯认为"……包豪斯是一种理念，我坚信包豪斯给予世界上一切进步学校以惊人影响的原因，在于他们追求一种理念这样一种事实。这些影响不是通过组织和宣传带来的，只是因为这种理念具有强大的延伸能力。"[1]然而，包豪斯的多元性决定了它不止被一种思想所涵盖，包豪斯精神与活力至今仍在不断引起学者的关注。无疑，包豪斯思想是一个值得深挖的宝藏。

---

[1] 摘自1953年5月18日密斯·凡·德·罗在格罗皮乌斯70寿辰纪念上的演讲，转引自（日）利光功，《包豪斯：现代工业设计运动的摇篮》，刘树信译，（北京：中国轻工业出版社，1988），扉页。

第3章　包豪斯教育理念在北美的发展

　　包豪斯被纳粹关闭之后，大批包豪斯教员与学生逃亡到美国，把现代设计的整套体系也从德国带到了美国：格罗皮乌斯在哈佛大学担任设计研究院院长30年；密斯在伊利诺伊理工学院建筑系担任系主任30年；莫霍利·纳吉在芝加哥建立了"新包豪斯"（重建为芝加哥设计学院，之后并入伊利诺伊理工学院）；阿尔伯斯在北卡罗来纳州的黑山大学和耶鲁大学设计系主持平面设计教育。在20世纪20年代之前，美国东海岸的一些名校，如哈佛大学、麻省理工学院、普林斯顿大学、耶鲁大学等，仍然沿用欧洲方式的传统的建筑教育，强调经典的建筑系统中具有法国美术特点的方面和逻辑。与此同时，位于中西部的学校的建筑教育则追寻一种工程为基础的技术性的道路，而忽略艺术设计的、美的或者感官的创作。到了20世纪20年代末，东海岸模仿欧洲的教育系统遭到了很多设计师、教育家、学生的抨击。因为那种教学系统的"教学方法古老陈旧、学生的设计项目没有用处、对作品的评价对学生没有帮助。"很多批评认为，这个体系强调太多临摹描绘技术的提高，而变得不人性也不实用。另外，这个教育体系下的设计项目都是通过竞赛、比赛的形式进行，因此很多老师和学生更加专注于如何赢得比赛而非真正的学习。就这样，到20世纪30年代之前，美国的设计教育界已经相当茫然而不知所措。所以，当经济大萧条来临的时候，当自己的教育体系内外受到抨击的时候，当一些与欧洲保持联系并且看到欧洲的现代主义进程的时候，美国似乎毫不犹豫地向欧洲的包豪斯大师们敞开了欢迎的怀抱。

　　1937年2月，格罗皮乌斯接受邀请，抵达美国马萨诸塞州的剑桥城，成为了哈佛大学设计研究所的教授。自从到达哈佛，格罗皮乌斯就坚定不移地希望将基础设计课程设置到核心地位。他希望哈佛研究所的学生在进入学校以后，选择自己的专业之前，就进入六个月的基础设计课。然而格罗皮乌斯却在这里遇到了相当大的阻力，或许从根本上说，哈佛并不希望格罗皮乌斯在这里建立一个包豪斯的翻版，或者说包豪斯的美国版。终于在1950年，通过鼓励其他老师投票和拉来资金赞助等方法的努力，格罗皮乌斯得以实施他的基础设计课程，并以"设计基础"命名。在哈佛，尽管没能实施全部的包豪斯模式的计划，格罗皮乌斯还是尽量地将包豪斯的设计哲学融入了课程中。格罗皮乌斯关于现代设计的圣战，迅速地受到学生的欢迎。而他在哈佛的这种实践，也引发了美国其他建筑学院的改革和效仿。这也成为了美国结束在建筑对历史的模仿的开始。哈佛大学设计研究所培养了一批影响美国现代和当代建筑的毕业生，其中有菲利普·约翰逊（Philip Johnson）、桢文彦（Fumihiko Maki）、贝聿铭（I.M.Pei）、保罗·鲁道夫（Paul Rudolph）等。

在 20 世纪 30 年代中期到达美国之后，密斯在芝加哥安家，并受聘于阿摩尔理工学院（Armour Institute of Technology，后来的伊利诺伊州理工学院，Illinois Institute of Technology，简称 IIT）。在教学上，密斯坚信"回到基本"的教育方法。密斯认为学生首先要掌握绘画的基础；在此基础上，学生应该了解并且懂得如何运用建造方偏爱和提供的材料；另外，学生还应该掌握工程和设计原则的基础。本着这样的理念，密斯在伊利诺伊州理工学院还有芝加哥艺术学院（迁入芝加哥的早年间）都开设了一些相关的课程。密斯相信他的建筑语言可以被学习并应用于任何形式的现代建筑中，他同时也把这种信念运用在教学中。他与学生近距离的用大量的时间和精力研究脚本的解决方案，然后允许学生在他的引导下，演发出对某个具体项目的其他的方案。今天，密斯的一些课程仍然在伊利诺伊理工学院设计学院的课程设置之中。

1933 年，约瑟夫·阿尔伯斯（Josef Albers）斯带着妻子安妮·阿尔伯斯（Anne Albers，之前也是包豪斯的学生）一起移民到美国。之后，阿尔伯斯成为了北卡罗来纳州的黑山学院（Black Mountain College）的教师。来到黑山以后，阿尔伯斯除了开设他在包豪斯的基础课程，还开设了色彩和油画的基础课。对阿尔伯斯来说，艺术教育的最根本之处就是要让学生学会真切地"看"。除此之外，就是要通过大脑的思考和双手的实践去实现。"看"、"想"、"做"，这三个方面被看成是阿尔伯斯的创作三步骤的理念。阿尔伯斯还坚持认为学生如果没有经过紧密和严格的训练，就不会有能力去有效地成就什么。要想成为一个艺术家，就必须真正地了解形状、线、色彩、质地等视觉的元素。1950 年，阿尔伯斯离开了黑山，并成为了位于康奈迪格州纽黑文（New Haven）的耶鲁大学（Yale University）的设计系系主任，并担任部分基础课程教学，主要负责色彩和素描教学，但对基础课和雕塑教学影响很大，直到 1958 年他从教学的岗位退休，其间还担任包括乌尔姆设计学院（HfG Ulm）在内的多所欧美大学的客座教授。

1937 年，受到美国容器公司（Container Corporation of America）主席瓦尔特·派卜克（Walter Paepke）的邀请，拉斯洛·莫霍利·纳吉（Laszlo Moholy-Nagy）搬到芝加哥，并成立了"新包豪斯"。学校的办学原则于先前在德国的那一所基本上是一致的。而意外的是，仅仅在一个学年之后，学校就由于资金支持者的撤除而关闭。派卜克继续着他本人的支持，并且在 1939 年，莫霍利·纳吉开设了设计学校。1944 年，发展成为芝加哥设计学院。他的关于发展设计学校课程设置的努力被记录在他的著作《动态视觉》（Vision in Motion）。

就这样，包豪斯的精英们渐渐地改变了美国的一些学校的教学法，包豪斯也融入了美国原有的设计教育体系，并且成为了其中有力的推动改革的力量。包豪斯在美国的功能主义设计教育特别强调的是将形式、材料和家庭日用物品的结构做出改变，以适用于工业化的程序中，并最终设计出标准化的、适合大众日常使用和消费的产品。这种对于设计怎样被教授的重新定位的最终结果是简化的、标准的和价格更便宜的产品，而由于设计的发展为各方所带来的各种附加好处，设计教育因此也受到了美国政府、企业、教育界的高度重视。这也是格罗皮乌斯曾经在德国就预见的却最终没能实现的目标。在第二次世界大战之后，随着市场和消费的更加繁荣，随着科学技术的发展，美国的设计教育也增加了一些包豪斯教学体系之外的东西，特别是与市场紧密相关的内容，如市场学、市场消费心理、公共关系学、人体工程学、社会学、个体行为学等。如今，美国的设计教育已经形成了以设计理论、设计基础和项目设计组合而成的一个体系。

3.1 阿尔伯斯在黑山学院及耶鲁大学设计系

由包豪斯到黑山学院，再到耶鲁大学，阿尔伯斯第一个把在德国形成的教学方法带到美国并传播给了全世界。

3.1.1 阿尔伯斯在黑山学院

美国黑山学院（The Black Mountain College N.C.）创建于 1933 年 1 月，由反叛古典教育的约翰·安德鲁·赖斯（John Andrew Rice）教授及一批持不同观念的进步学者创办于北卡罗来纳州西部的群山之中，他们志在寻求创立一个具有较高层次个性创造力学习的进步学校，把艺术和文科整合为一个整体。黑山学院的教学设计倾向于通识教育（general education），这里的教育目的不是职业培训，而是帮助学生选择自己心仪的职业。在黑山学院中，学习和经验必须紧密联系，稳定的情绪和思辨的能力如同吸收知识和观念一样是教学的目标，教学上注重观察和体验，艺术学习和实验是教育的中心（图 3-1）。学院在没有外界干涉的情况下由教员们推动着向前发展，这里没有固定课程，也不要求学程，每个学生在各自的指导者带领下安排他或她自己的学习计划，学生们在团体中像辅导员被要求出席教研会一样交流和分享彼此的见解，参与团体生活不仅被鼓励，而且是被要求作为义务性的工作。在黑山学院，所有学生和教师，在学院里都得有至少一份本职之外的工作，艺术家们或成为在院方运作的农场里干活的农民，或是建造校舍的民工，或是从事一些维修工作的技工，或是在食堂咖啡馆当服务生。学院逐渐形成为一个独一无二的混合体，涵盖了自由艺术学院、

图 3-1 黑山学院院徽，阿尔伯斯设计，1933 年

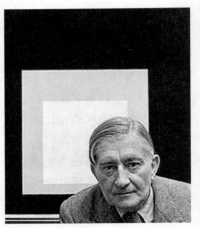

图 3-2　阿尔伯斯，1949 年

学农园、夏令营、先锋村、难民营和宗教的阵地，吸引了社会上如爱因斯坦、杜威、格罗皮乌斯等知名人士前来参观。黑山学院存在的 24 年期间有近两千名学生入学，第二次世界大战后也有约一百人入学，在多年的经济问题、教员频繁变动和意见分歧严重的情况下，于 1957 年春天关闭。

　　黑山学院的历史和影响与当时在此教学的欧洲流亡艺术家们密不可分。黑山学院落成两个月后，美国纽约现代艺术博物馆的建筑部主任菲利普·约翰逊（Phillip Johnson）代表黑山学院邀请前任包豪斯教师阿尔伯斯，阿尔伯斯马上就接受了邀请，与夫人安妮（Anni Albers）从德国来该院教授基础课程和编织工艺，共任教 16 年（图 3-2）。通过他们的教学，黑山学院不仅成为了在美国首例传播教育教育理念的重要中心之一，而且还以抽象艺术和现代实验精神而著称。在阿尔伯斯看来，现代主义精神意味着一种重要的现代性，是一种既非怀旧、也并非一成不变的眼光，是对当下的可能性和需求的回应。[①]在黑山学院中，阿尔伯斯持续担任了他在包豪斯曾主持的著名的基础课程，特别是较为先进的色彩和手工艺课程，并以此实验深化他长期以来在有关视觉现象及其表达语言方面的研究。他将教育理念改变为综合教育，重点在与训练学生们的视觉理解力、基本绘画技巧、色彩理念和设计观念。他对代表欧洲传统文化之一的希腊艺术之主导地位发起挑战，将学员们的注意力由他们的自身文化引导向广告、建筑和设计方面，以及自然世界和新世界文化。在 1936 年，他就邀请曾在包豪斯就读的桑迪·沙文斯基（Xanti Schawinsky）到黑山学院开创了一个舞台研究项目，以前包豪斯的一些即性作品被重新搬上黑山的舞台，而这成为以后约翰·凯奇（John Cage）、坎宁安（Cunningham）和劳申伯格（Robert Rauschenberg）的"偶发艺术"、"行为艺术"乃至"波普艺术"的开端。20 世纪 50 年代发轫于黑山学院的美国"新达达"运动，实验着各种素材和形式，劳申伯格还时常强调他的这个师承。

　　阿尔伯斯出生在德国威斯特伐利亚州博特罗普（Bottrop）一个工匠家庭，继承了家族的传统，以及谨慎而又精湛的手艺。作为一个年轻的男子，受到塞尚、马蒂斯和立体主义的启发，早年曾在波特洛普担任小学教师 8 年，之后曾就读于柏林皇家艺术学院（Royal Academy of Art in Berlin）、艾森艺术与工艺学校（Essen Arts and Crafts School）和慕尼黑学院（Munich Academy）等院校。1920 年阿尔伯斯 31 岁时才在包豪斯注册就读伊顿的基础课，和老师同龄。他

---

① 阿尔伯斯于 1940 年 1 月 9 日在纽约现代艺术馆的设计会议上发表的演说，《约瑟夫·阿尔伯斯论文集》，耶鲁大学图书馆。转引自常宁生，"美国当代艺术学院教育"，《美术学院的历史与问题——中央美术学院九十周年院庆国际学术研讨会论文集稿本》，第 29 页。

很快就在包豪斯的学生中脱颖而出，留校被聘为"青年大师"，作为莫霍利·纳吉的助手，共同执教包豪斯的基础课并负责玻璃作坊。他早期的玻璃画就是探讨几何构造内的光和色问题，这也许和莫霍利·纳吉在绘画、电影、摄影、雕塑和工艺设计等形式中探索造型媒介光线处理的工作有关。他成为

图 3-3 阿尔伯斯在黑山学院基础训练课堂上，1934 年

著名的彩色玻璃的设计师，他创造了来自城市垃圾场中破碎玻璃瓶碎片的组合构成，这些"发现对象"的设计，表现出他的早期偏好光学。

当阿尔伯斯进入黑山学院之初，一位学员问起他将教些什么，阿尔伯斯用他那较为生疏的英语回答道："使眼睛张开"（To make open the eyes.）[1]。阿尔伯斯指出"好的教学与其说是给予正确的答案，不如说是提出正确的问题"。他始终认为艺术教学不是关于告知规则、样式或者技巧，而是引导学生关于什么是他们"看和做"（seeing and doing）的一个更高层面的意识，教师的个人能力在于唤醒学生的天分并滋养他们成长。阿尔伯斯支持"做中求学"（learning by doing）的原则，他坚持通过课堂教学完成学生的自身体验，鼓励他的学生去冒险探索并产生他们自己的发现。什么是我们的真实所见？我们将如何看到这些？我们怎样才能把我们的发现转化到充满意义的工作中？阿尔伯斯感到这些考虑将是艺术训练的焦点问题，而不仅是关于形式的理论方面。阿尔伯斯的讲授引导他的学生去发现视觉的真实所在，例如通过面对一个物体进行简单的徒手描绘的线条练习，学生发现了那些线条与形态形成的联系，建构的韵律和张力，以及推力和拉力，他们开始认识到由这些因素所形成的种类不同的性格特征。又比如描绘植物的叶子之间的空间时，使学生们体会空间从来不会是"空无"（empty）的。再例如用纸张或布料之类简单材料做构成时，学生们领悟到由虚空间所产生的包容之重要性不亚于固体，并理解到每一种元素相互影响的关系。

在黑山学院，阿尔伯斯宣称基础设计（Basic Design）意味着艺术范围的基础问题的学习。基础课程包含着大量的内容，阿尔伯斯着重安排了许多有效的训练（图 3-3），在其中扩充了对材料的研究，并把注意力转向了有关设计的共同领域。对阿尔伯斯来说，材质学习没有规则，也没有限制，阿尔伯斯的目标不在于创造一个新的艺术形式，而是要去塑造感觉和发展观看的新颖的方式，例如如何用线性的金属线创造空间感。阿尔伯斯落实了他曾在包豪斯的练

① Horowitz Frederick A.*Josef Albers*：*to open eyes*：*the Bauhaus*，*Black Mountain College*，*and Yale*.New York NY：Phaidon，2006.P73.

图3-4　阿尔伯斯让学生用动作感受形态角度的微妙变化，黑山学院，1936年（左）

图3-5　阿尔伯斯指导的材料训练作业，黑山学院，1940年（中）

图3-6　阿尔伯斯讲评纸构成作业，黑山学院，1940年（右）

习，通过意在面向建筑师、设计师以及其他职业的定位，能为所有的在创造活动上提供有价值的体验。对黑山学院学生们来说，他们从阿尔伯斯那里学到了如何去观察和思考。

此外，在黑山时期的教学中，数理分析得到应用，为了探究形式的逻辑，阿尔伯斯的教学中出现了平方根数学级数和几何级数的图解，同心长方形、同心菱形的比例和数学关系、黄金分割比等内容。阿尔伯斯要求学生们绘制不同比例的长方形，以此感受角度的细微差别带来的不同的效果。为了培养学生分辨角度的能力，让还学生站起身来，用动作比量30度、45度和60度角的倾斜范围（图3-4）。教会学生如何观察、培养知觉敏感性，以及掌握美的规律是阿尔伯斯教学一贯的目标。

从包豪斯到黑山学院以来，阿尔伯斯时常陈述着有关现时代对新形式的呼唤，以及如何找到新形式反映它的速度、它的交流新途径以及它在工业上的进步。对称与平衡的形式通常会遭到批评，相应地，阿尔伯斯在教学上注重对动态构成形式的研究。阿尔伯斯的教学像他的艺术作品一样，保持平衡理性的和浪漫的、事实和超然之间的关系，他认为过于自由则浪费时间和努力，因而教导学生简化形式，"以少胜多"（do more with less），此举意味着用尽可能少的形式和材料达到较大的经济效能。

阿尔伯斯提倡学生实际参与实践，而不是被动吸收理论知识，他认为观察高于理论，体验高于意念。他还认为试验比制作更有价值，发现规则比应用它们更为重要。纸的练习在黑山时期更加纯熟，一张纸通常只能看到一面，如何用最简单的方式改变这种状况，把一张纸从一个角到另一个角斜着折起来是一种状态，而由两个方向交叉着折的时候又是另一种状态（图3-5）。讲评时，阿尔伯斯把优秀的作业还原到初始的状况，向学生说明复杂的三维构成是如何从平面开始的过程（图3-6）。他指出这就是设计，设计不只是在包装盒上画图案。[1]

材料结合的练习方面，黑山周围的自然环境给阿尔伯斯的教学提供了更多可用的材料，例如沙土、苔藓、树皮、原木，甚至地上的光线都是学生们观察

① Horowitz Frederick A.*Josef Albers*：*to open eyes*：*the Bauhaus*，*Black Mountain College*，*and Yale*.New York NY：Phaidon，2006.P75.

的对象，在寻常事物中学会观察，找到
不平凡的东西。学生们收集了五花八门
的东西，诸如汽车部件、打碎的玻璃、
破损的绳索、木片、树皮、被腐蚀得残
缺的树叶，以及有裂纹的锡铁皮等（图
3-7）。阿尔伯斯说："材料的特性是相
互关联的，鸡蛋和石头放在一起，石头
很粗糙，而衣服和石头放在一起，石头
则很坚硬，那么，若它和绳子、苔藓放
在一起又会如何？"[①]材料结合的练习没
有构成练习那么强的限定性，阿尔伯斯
也希望得到一些偶然的东西，黑山学院
的练习比包豪斯时期表现出更明显的达

图 3-7　阿尔伯斯指导下的材质练习作品，黑山学院，1945 年

达（Dada）主义倾向，更多的是材料之间的组合，改变表面特性，如何使一
块砖看起来像海绵一样，如何把像面包一样的东西弄得看起来像一块砖。虽然
阿尔伯斯肯定达达在使用和观看材料方面的进步，但他并不完全赞同达达对偶
然的强调，那些毫无联系而拼凑在一起的作业则不会及格。[②]

　　此外，阿尔伯斯在强调自由的同时，还强调限定性。自由与限制，也就
是开放性的结果和本质性的限制条件，是阿尔伯斯教学中的一对矛盾，也是
最有效的控制教学质量的一种方式。阿尔伯斯要学生放弃一切先前的理论和
知识，大胆地创造，同时对练习的方向又有明确的限制，重在材料的特性和
知觉敏感性，结果如何并不重要，重要的是在于是否体现了限制，又超越了
限制，他说："没有方向的自由则没有生产力，没有自由的方向就没有创造力。"[③]
阿尔伯斯对教学质量的控制，是他超越同时代设计和艺术基础教育家的地方，
而在限定性中培养创造力，正是现代设计思维的本质。所以，在这个意义上，
是阿尔伯斯将包豪斯的基础教育系统化，并影响了之后美国以及全世界的设
计基础教育。[④]

3.1.2　阿尔伯斯在耶鲁大学设计系

　　20 世纪中叶，耶鲁大学率先将绘画、雕塑、摄影、设计和新媒体艺术纳
入本科生和研究生课程。阿尔伯斯于 1950 年开始担任耶鲁大学设计系主任（图
3-8），这个新的任命是出于耶鲁校委会意识到之前该校在艺术项目的教育上较
为保守和薄弱，为此，他们需要一个有活力的领导，并且是一个有创造力的教

① Horowitz Frederick A.*Josef Albers：to open eyes：the Bauhaus，Black Mountain College，and Yale*.New York NY：Phaidon，2006.P75.
② 陈建荣、陈雨，论阿尔伯斯的设计基础教学，《科技信息》，2009 年，第 35 期，第 126 页。
③ Horowitz Frederick A.*Josef Albers：to open eyes：the Bauhaus，Black Mountain College，and Yale*.New York NY：Phaidon，2006.P73.
④ 陈建荣、陈雨，论阿尔伯斯的设计基础教学，《科技信息》，2009 年，第 35 期，第 126 页。

图 3-8 阿尔伯斯在耶鲁大学负责设计系教学管理工作, 1950 年(上左)

图 3-9 阿尔伯斯在讲授素描方法, 耶鲁大学, 1959 年(上中)

图 3-10 阿尔伯斯在课堂上。(上右)

图 3-11 《色彩构成》页面, 1963 年(下左)

图 3-12 阿尔伯斯指导下的色彩构成练习作品, 耶鲁大学, 1963 年(下中)

图 3-13 对名画进行的色彩重构练习, 耶鲁大学, 1963 年(下右)

师, 改变原有传统僵化的教学模式。耶鲁大学校委会意识到这将是一个基础性的、共通的视觉教育, 并强调知觉训练作为艺术领域的一个基础。他们期待这种理解力基础将会成为促进所有的艺术和美学的共同基础。更为重要的在于他们希望通过在超越形式与技巧的智力进步的新课程改革, 将会给创新艺术在学术组织中树立一个更加杰出的角色。

与包豪斯和黑山学院相比, 耶鲁设计系是由更传统的油画和雕塑系转型来的, 阿尔伯斯主要负责素描和色彩的课程(图 3-9、图 3-10), 后来还开设了字体设计课程。在耶鲁大学教学基础上开展的色彩研究所形成的《色彩构成》(Interaction of Color)一书, 就是阿尔伯斯从包豪斯以来的长期绘画色彩实践的深切体会, 该书于 1963 年由耶鲁大学出版社首次出版。阿尔伯斯在书中侧重的不是色彩的原貌, 而是基于理性观察的 "看"(图 3-11), 因此, 他提出 "在情景中思考" 的教育方式, 这种方式在全书的架构中体现出来, 力图论证色彩之间的相互关系, 而非简单地对色彩加以定性。这是因为色彩在艺术中是较具相对性的媒介, 色彩的视觉感应和心理反应存在着差异, 这种差异意味着色彩理性认识与感性认识的并存, 色彩研究的难度之一, 在于如何克服色彩的相关性和不稳定性来寻求色彩的基本规律(图 3-12)。阿尔伯斯一贯追求有系统、有秩序、实验性、简洁的构成, 呈现色彩与直线间的精确呼应关系, 他所表现的重心在追求形与形间、色和色间的关系与平衡(图 3-13)。在理性的几何硬框中隐然带有感性的意图, 表现暖色与寒色、寒色与寒色相比邻所产生的聚散与前后推移的空间感(图 3-14)。他以 20 多年时间从事 "正方形礼赞" 系列的创作试验, 探讨色彩和形状, 平面与三维幻觉之间那些微妙的关系。作于 1959 年的那幅《向正方形致敬》(Homage to the Square: Apparition)(图 3-15), 共有黄、灰、蓝、绿四个相套的正方形, 只有最外面那个最大的绿色正方形用

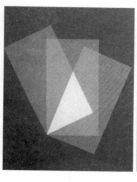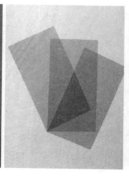

色差画出了三维明暗，其余皆为平涂色彩的明亮的灰调。阿尔伯斯解释说，由于"颜色不断产生欺骗"，他开发了一个独特的实验方法，研究和教学的颜色，通过了一系列实际演习。《色彩构成》一书是阿尔伯斯在色彩感知的研究与教学方面独特实验的成果，囊括了阿尔伯斯的主要色彩理论。阿尔伯斯的色彩理论强调人的兴趣和动力——好奇心，一点也不枯燥。学生的学习热情是被课题激发出来的，有很多训练和练习，有点像孩子的游戏，它的趣味性激发了人看的欲望、动手的欲望。"同一个颜色在不同的色彩环境中看起来不同，越是能做到截然不同，我们对色彩的认识就越有价值"[1]。它的证明方式是视觉的，不需要语言进一步解释。再如这个研究色彩成分的练习，学生用色纸和拼贴的方式，通过严谨的色彩关系和组合的逻辑给观者造成乱真的透明物的假象（图3-16）。我们在图中所感受到的透明不是对透明物的再现，它只是八个颜色以一组色彩成分有序而等量递进的关系，再严格依照空间逻辑的组合。那么，它是对观看的主观构造的揭示。在此之前，人们并未想到过翻动的书页是透明色的体验，一直以来，人们看到的只是透明的色彩，头脑中呈现的却是快速移动的物体。

由此可见，由包豪斯到黑山，再到耶鲁，阿尔伯斯是首位将包豪斯的基础教育系统化，并影响了美国甚至是全世界的设计基础教育的人物。

图3-14 色彩明度推移的空间变化，耶鲁大学，1960年（左）
图3-15 《向正方形致敬》，1959年（中）
图3-16 阿尔伯斯在辅导学生进行色彩练习，耶鲁大学，1965年（右）

3.2 格罗皮乌斯在哈佛大学建筑系

从1938年开始，格罗皮乌斯受聘于哈佛大学，被授予教授头衔，并担任建筑系主任及设计研究生院院长之职，从此开始了他在哈佛14年之久的教育工作。在此期间，格罗皮乌斯言传身教地向数代的美国未来建筑师，不断灌输传播着包豪斯的精神理念，这使包豪斯在美国这个先进的平台上得到了更好的发展，得以将他在包豪斯未能完成的理想逐步实现，使得格罗皮乌斯成为影响现代设计和美国建筑教育的一代宗师（图3-17）。他认为，有决定性的、能让

---

[1] Horowitz Frederick A.*Josef Albers*：*to open eyes*：*the Bauhaus*，*Black Mountain College*，*and Yale*.New York NY：Phaidon，2006.P273.

图 3-17 格罗皮乌斯，1960 年（左）
图 3-18 格罗皮乌斯站在贝聿铭的设计桌旁，查看他的工作，哈佛大学设计研究院，1945 年（右）

包豪斯长盛不衰的，不是其产品，而是包豪斯指向未来的方向。或者说，就是那种勇于探索，永寻乌托邦的包豪斯精神，成就了这个现代设计的源头和中心。

格罗皮乌斯在由包豪斯办学时期所积累的教学与领导经验之基础上，开始对哈佛大学建筑系进行一系列的改革，他把包豪斯时期的教育体系更加完整地贯彻到了哈佛大学建筑系的教学中来，其中包括系统性设计、团队工作方法、功能主义原则、反装饰原则及现代建筑手段等，更重要的是他彻底改变了该校建筑系原来的课程系统，并且这种新课程系统还通过他的学生和教员影响到了美国其他重点院校的建筑教育体系，而在此之前的美国建筑教育体系，如以宾夕法尼亚大学和麻省理工学院为代表的建筑学院教学普遍崇尚欧洲古典主义，在课程上忠实地服从于从著名的巴黎艺术学院移植过来的 19 世纪艺术体系，他们要求学生通过勤奋地复制设计图来掌握古典设计的基础知识，侧重制作古典装饰风格的透视图的复杂技术，这些学院派热衷于为渲染奢华的建筑承包商充当代理人，再现维多利亚时代社会地位所象征的各种腐朽特权，导师们在课堂上对学生作业的规范性作出公开评价定级。格罗皮乌斯意识到要颠覆旧秩序就必须采取激进的方案，他把艺术史之类这些使学生无法吸收的死知识从核心课程中删除了，学生们不再受文艺复兴和哥特式建筑模式的腐蚀性影响，转而全神贯注地阅读阐述现代主义思想的几本课本——包豪斯学派专着、柯布西耶的《致建筑学》等第一机械时代的理论。格罗皮乌斯相信，学生在发现自己的潜在创造力之前不应该学习历史。[①]格罗皮乌斯在进行授课及行政管理的同时也在不断开展着设计实践活动，并且结合具体的项目实践案例来培养学生解决实际问题的能力，他激励人们向一种具有社会意识的建筑进军，这种建筑将能够为一个被经济萧条和战争蹂躏的贫困不堪的世界提供用钢铁、混凝土和玻璃等机器时代的新材料建造的成本低廉的住房与设施，也只有当这种建筑成为现实时，拥挤黑暗的城市才会迎来光明、效率和繁荣（图 3-18）。格罗皮乌斯力主用机械化大量生产建筑构件和预制装配的建筑方法。早在包豪斯学校任教时期，他便致力研究使家具器皿等日用品和建筑设计适应工业化大生产的要求，认为只有这样才能进行大规模建筑并降低造价。他还提出一整套关于房屋设计标准化和预制装配的理论和办法。

在格罗皮乌斯手下学习等于参加一场犹如神职人员倡导的通过建筑设计来

---

① （美）迈克尔·坎内尔著，《贝聿铭传》，倪卫红译，（北京：中国文学出版社，1996），第 75 页。

图 3-19 布鲁尔与妻子坐在家中由他自己设计的木制家具上，美国，1947 年（左）
图 3-20 格罗皮乌斯设计的哈佛大学研究生院主楼（右）

拯救世界的大运动，而当时哪个年轻的建筑师会拒绝如此令人陶醉的训命？从而使这一批优秀学生成为现代主义的第二代人，其中不乏令人耳熟能详的大师级人物，菲利普·约翰逊和贝聿铭就是其中的佼佼者，在当时的建筑设计领域占据第一线位置，并且做得令人刮目相看。

如果说格罗皮乌斯为哈佛建筑系改革课程构思定型，那么，许多实际的指导工作是由另一位比较年轻的包豪斯流亡者马歇尔·布鲁尔着手进行的（图3-19）。他俩组织了建筑事务所，承接建筑项目的设计工作。布鲁尔以他随和的态度和凭借轻快优雅的方式运用工业材料的流畅设计与格罗皮乌斯的侧重知识倾向形成互补，他在住宅设计方面对多种材料加以灵活应用，尤其是木料的运用，在当时的美国建筑界产生了明显的引领作用。格罗皮乌斯认为"学院中最基本的教学误区在于对天才论的执迷不悟"。因此，他鼓励经他一手培养的第二代现代主义者压制个人野心，而提倡充满兄般友爱协作的团队小组工作所体现的平均主义美德。他与几个哈佛学生一起开设了建筑家合作事务所（The Architects Collaborative，简称 TAC），承接了许多建筑工程的设计工作，如哈佛大学研究生楼（图 3-20）等。格罗皮乌斯在美国广泛传播包豪斯的教育观点、教学方法和现代主义建筑学派理论，促进了美国现代建筑的发展。他在美国一直从事设计实践，1945 年同他人合作创办协和建筑师事务所，发展成为美国最大的以建筑师为主的设计事务所。第二次世界大战后，他的建筑理论和实践为各国建筑界所推崇。

20 世纪 70 年代以来，西方建筑界新的建筑流派和理论不断涌现，出现了批判现代主义建筑千篇一律、刻板理性的倾向，认为这是偏重功能、技术和经济效益，忽视人的精神要求造成的。这种批判波及格罗皮乌斯。尽管人们对于格罗皮乌斯在建筑理论和实践上的作用评价不一，但对于他创立包豪斯学校及引领哈佛大学建筑系改革等在现代建筑教育上的贡献则是被一致肯定的。格罗皮乌斯参加发起组织现代建筑协会，传播现代主义建筑理论，对现代建筑理论的发展起到重大作用。

3.3 密斯与伊利诺伊理工学院建筑系

由于第二次世界大战的爆发,密斯移民到了美国,开始了新一轮的建筑设计,也将自己的建筑思想带到了观念前卫、技术先进的美国,产生了很大的影响,他也由此成为世界上最为知名的现代建筑大师。密斯于 1938 年到达美国以后,同时有很多大学的建筑院系都发出了邀请,希望密斯能到该院系任教并担任领导职务。密斯最终选择了位于芝加哥的阿莫尔理工学院(1940 年后改名为伊利诺伊理工学院,简称 IIT),除了负责该院建筑系的构建与领导工作之外,还注重亲自进行建筑设计工作(图 3-21),他较少从理论上探讨现代建筑,而更多重视实践,他设计的众多建筑不仅实现了其建筑理念,也是他本人最有说服力的建筑设计著作(图 3-22)。

密斯把教育看做是对自己很大的激励,因为为了能够教育学生,需要他必须首先理清自己的思想。同时,教学促使他致力于普遍的建筑问题,把工作的方法和建筑的手段当做建筑教育的本质。因此,密斯在伊利诺伊理工学院建筑系制定了全部课程,并且在那里一直得以保留和持续发展,包括建筑观和建筑教育的方法,而不仅仅是训练学生广泛的知识。他认为凡事都必须遵循理性,课程必须依赖并服务于这种哲学,目的是为了使事情保持在它正确的轨道,使得课程中所有的环节都不违背理性,使学生们处理任何事情均会保持理性的态度。密斯把课程的训练方法和实践目的紧密相连,使其联系着知识和技能,而且逐步地解释什么在构造上是可能的,什么是实用所必需的,以及什么是像艺术一样重要的。

在课程的教育方面是和价值密切关联的,密斯希望通过对科学和技术的理解可以使学生将训练正确地被使用,并使学生具有表达所处时代的力量。他认为学生学习的过程、每一个训练过程都形成持续发展中很自然的一部分,就像他本人从不抛弃或是从不反驳他在先前的岁月中所学到的任何东西,他甚至认为这是他的思想持续和合乎逻辑的发展不可缺少的过程。[1]

图 3-21 密斯与他的伊利诺伊理工学院主楼模型,1940 年(左)
图 3-22 《女医生范斯沃斯住宅》密斯·凡·德·罗,1950 年(右)

---

[1] 《大师》编辑部,《密斯·凡·德·罗》,(武汉:华中科技大学出版社,2007),第 48 页。

当一些建筑教育工作者请求密斯解释那些他认为领导学校建筑教育最重要的决议时，他回答道："首先，必须要知道什么样的学校才是我们所需要的，这个决定本身将决定学校的质量。全体教员应该尽可能地保持这个方向，即使是有才华的教师组成的最佳阵容，如果迷失了方向或是各行其是，则只能带来混乱。当下的建筑学校正苦于缺乏目标和方向，而不是缺乏热情或者人才。如果

图 3-23 西格拉姆大厦，密斯设计，纽约，1954 年（左）
图 3-24 西格拉姆大厦一侧，密斯设计，纽约，1954 年（右）

学校和教师认为个性是必不可少的而且是很自然的，那么在建筑上刻意去表达个性就是对整个问题的误解。其次，我认为在建筑中你必须直接面对结构问题，因此你必须了解结构。当你推敲结构并使它成为我们这个时代本质的象征时，结构就开始升华为建筑艺术。每一座建筑在地表上都有自身的位置和功效。这些事实应当被了解并传授给学生，因此建筑师们应该约束自己的想法，我有很多次都觉得这个或者那个将会是好的想法，但是只有通过工作和推理才能抑制自己的冲动。如果我们的学校能够在教学中抓到问题的本质，培养学生有条理的工作方法，就能够给学生一个值得努力的五年。当人们在很多场合回忆时才会发现五年其实是一段十分短暂的时光，但是对于建筑师而言，这是最能形成自我性格的时期，他们至少应当学会两件事：熟练掌握职业的工具，发展出清晰的方向。而如果学校本身的方向不明确的话，那么后果将是遥不可及的。"[1]

作为从 1939 至 1959 年间担任伊利诺伊理工学院建筑系的主任，整整 20 年的时间，密斯有充分的机会在最广义的层面上来发展一种建筑学派，并且形成了一种简单而又有逻辑性的建筑文化，它既可容纳建筑艺术的精加工，又向最佳利用工业技术的原理开放。他对于建筑的标准化观点，以及他对于钢铁、玻璃的积极运用都是符合现代社会建筑要求与发展前景的做法，而且这种标准化的钢铁框架结构与玻璃幕墙的建筑形式在技术上要求较低，却具有结构坚固、建造简便和外表流畅等优点，是一种易于掌握和建造的建筑形式（图 3-23）。[2]他所提倡的"少就是多"的建筑理论，在第二次世界大战之后迅速成为世界各地的建筑圣经，成为最有魅力的建筑语言，并被作为国际主义建筑原则，也得以在美国的建筑上实现，也为美国的建筑设计和专业教育的发展做出了巨大的贡献（图 3-24）。

---

[1]《大师》编辑部，《密斯·凡·德·罗》，（武汉：华中科技大学出版社，2007），第 48 页。
[2] 王其钧，《近现代建筑语言》，（北京：机械工业出版社，2007），第 174 页。

3.4 莫霍利·纳吉创建"新包豪斯"及 芝加哥设计学院

　　莫霍利·纳吉（Laszlo Moholy-Nagy，1895—1946）是现代先锋艺术家和设计教育家。在匈牙利长大，青年时在布达佩斯大学主修法律，在第一次世界大战后转向绘画创作，20世纪20年代早期国际先锋艺术兴盛之际来到柏林，深受达达派运动和构成主义运动的影响，从事抽象绘画和构成艺术实验。在瓦尔特·格罗皮乌斯领导下的包豪斯学院担任教学工作，先后在柏林、阿姆斯特丹、伦敦从事摄影、电影、舞台、服装、建筑等设计实践和理论研究。1937年应邀到美国，在芝加哥创建了"新包豪斯"设计学校，随后的10年，他在美国传播包豪斯现代艺术教育理念，直到1946年不幸英年早逝。[①]

　　包豪斯在现代设计运动历史发展中起着承前启后的作用，莫霍利·纳吉则是对包豪斯体系承上启下的主要人物，他为包豪斯奠定了理性主义的设计教育原则和思想，实现了包豪斯教学方法由"经验型"向"实验型"的转变，从此也形成了包豪斯风格，之后，他在美国"新包豪斯"、芝加哥设计学校及芝加哥设计学院（后并入伊利诺伊理工学院）的课程设置基本沿用了包豪斯体系，使包豪斯理念持续传承发展。伊利诺伊理工学院设计学院在20世纪50年代的专业设置，如视觉设计、产品设计、摄影等系科，被各国艺术设计院校所仿效至今。

　　1928年，格罗皮乌斯辞去校长职务，推荐瑞士建筑师汉内斯·迈耶（Hannes Meyer，1889—1954）继任包豪斯校长。迈耶是一个共产主义的支持者，主张建筑与设计的社会功能，积极提倡设计者必须为人民大众服务，例如在居住方面提供适当产品以满足其基本需求。为此，迈耶进行了教学内容上的改革，即一切教学活动的展开都围绕标准化的科学技术和工业生产的目的，把数学、物理、化学等课程作为必修课而取代先前的艺术课。尽管莫霍利·纳吉同样重视科技和包豪斯的社会使命、坚守现代主义设计的标准化和统一性的诉求，追求以客观理性的方法从事设计教学，但却不能接受极端的功能主义或单纯的功能性设计，而认为新工艺和新材料的开放性实验以及对多样性的追求可以保持设计的审美功能和创造性，并且这种多样性和新尝试帮助人们减轻了对不够人性化的工厂劳动和狭隘分工的恐惧。他说："我不能继续承受这种专门化、纯客观的及效率性的教学基础——无论是生产性的还是人文性的……在技术课程日渐增多的情况下，只有在我拥有一位技术专家作为助手的条件下我才能胜任，但从经济考虑，这是永远不可能的。"[②]因为莫霍利·纳吉始终把设计当成"一种社会活动，一个劳动的过程"[③]，他所追求的理性设计，是包含了人类文化新的

① （美）路易斯·卡普兰，《拉兹洛·莫霍利·纳吉》，陆汉臻等译，（杭州：浙江摄影出版社，2010），第2页。
② （美）肯尼斯·弗兰姆普顿，《现代建筑：一部批判的历史》，张钦楠等译，（北京：三联书店，2004），第137页。
③ 王受之，《世界现代设计史》，（北京：中国青年出版社，2002），第154页。

精神价值和社会意义，强调设计的目的是人而不是产品，反对把设计当做单纯的工业技术或商业盈利的工具。[①]相对于唯艺术至上的康定斯基、克利等早期包豪斯教师，莫霍利·纳吉具有更多现实主义者的冷静；而相对于执着于功利、技术的迈耶，莫霍利·纳吉则呈现出理想主义者的远见。就在迈耶上任的半年之后，莫霍利·纳吉辞职离开了包豪斯。

与格罗皮乌斯、布鲁尔和拜耶一起，莫霍利·纳吉于 1928 年从包豪斯辞去教学工作，到柏林从事自由设计师工作。1934 年，他在荷兰阿姆斯特丹的一家印刷厂做顾问，1935 年移居伦敦，在那里他再次作为自由设计师与摄影师，直到 1937 年，受到格罗皮乌斯推荐，他被美国"艺术与工业联合会"邀请到芝加哥，担任一所以包豪斯为模式的新设计学校的负责人。"新包豪斯"在开办一年后，因为股东财政破产导致撤销供应而关闭。紧接着，莫霍利·纳吉组建了第二所学校"芝加哥设计学校"，持续到 1944 年重组并重新命名为"芝加哥设计学院"。莫霍利·纳吉的教学理念对美国当时的设计教育方式产生了深刻影响。新兴的现代主义设计理念的直接导入，使美国的艺术设计教育随即彻底改革了原有的以欧洲传统学院式教育为指导的教学模式。因此，莫霍利·纳吉成为继格罗皮乌斯之后对包豪斯思想传播和发展最有影响的人物。

3.4.1　艺术与科学和技术整合的教学定位

3.4.1.1　美国现代设计教育的先例

包豪斯虽然在 1933 年被纳粹强行关闭，但它的思想很快被奉为现代主义的经典，产生了世界范围的深刻影响。在美国，随即有一些不同的组织也想试图仿效此举，以联合艺术与工业，其中包括第一代顾问设计师，他们曾为制造商及工作计划出议事程序和方法，准备改变许多任务业产品的外观与功能设计。对这些组织或集团来说，中心议题是新机器美学的发展。对美国的一些设计改革者而言，包豪斯通常意味着设计教育的典范，因为它作为直观的示例，显示了作为设计工业产品基础的手工艺训练可以形成现代的形式与实用的材料。产生了现代家具灯具的包豪斯，在美国对于那些想把为机器而设计引进为学术的学校来说，就像是一盏指路的信号灯。尽管在 20 世纪 30 年代早期，美国一些大学的设计系部如卡耐基技术研究所（Carnegie Institute of Technology）和普拉特研究所（Pratt Institute）已经着手准备安排学生为工业而设计，他们却没有像包豪斯一样树立强势的文化形象。所以，在项目的本位形式上，他们只得到少量认可。包豪斯的艺术家们为工业发明了新形式，这些现代性文化于 20 世纪 20 年代末开始在美国被认识并得以体现，为大批量生产日用品的机器美学也得以被理解。欧洲在此方面的理解力要早于美国，1930 年之前欧洲制造商已经展现了现代型产品的品种，如布鲁尔（Marcel Breuer，1902—1981）或密斯（Mies van der Rohe，1886—1969）的镀铬钢管

① 张学忠，《早期抽象主义画家对包豪斯的影响研究》，清华大学博士学位论文，2007 年。

与皮革合成的风格固定的椅子。

　　1922 年，当艺术与工业联合会（Association of Art and Industries）在芝加哥成立时，包豪斯还未被确认为是一所现代设计学校。[①]在 20 世纪 20 年代和20 世纪 30 年代，美国教育家与工业家在为工业培养设计师的问题上进行着争论，多数人认为欧洲包豪斯是在这方面行动的样板。在美国，很少有人知道包豪斯；若能得到一个使艺术与商业结合的成功实验，就如同精心地完成了一部神话的编造。由于包豪斯的关闭是遭遇希特勒（Hitler）强权的因素的缘故，艺术与工业联合会终于承认它可以作为芝加哥一所新设计学校的原型。包豪斯对美国人的吸引力，不仅是由于其有力的神话令人确信，而且在事实上，还没有哪一所美国设计学校或设计系部曾经取得公众的充分认可，而去说服芝加哥的工业家们关于美国已有少量大有可为的项目，并可以为别人产生引导性的服务。对于当时美国设计教育的起步发展，艺术与工业联合会意识到要较好地利用设计手段以增强他们的国际竞争力，需要建立一所新型学校，作为实现美国中西部工业目标的一部分计划。之后，联合会决定与芝加哥艺术研究所合作，成立了艺术研究学校。1936 年初，他们又要计划建立一所独立的学校，这个新学校教育计划建议的宣告是由联合会决策人斯蒂勒(Norma K.Stahle)提出的，此人熟悉包豪斯的一些课程，或许这些知识是通过展览和出版物上的文章或第一手的报告得来。至于新学校的结构，正如斯蒂勒小姐所概述的，是传统装饰艺术课程的混合，其意念来自于机械化艺术运动、包豪斯综合性的结构，这正如她在公告中描述的状态："特殊的压力将加在木工和金属系上，它们涵盖了工业的宽广范围，包括家具、电子产品、灯具、日用品等。其他系将包括室内建筑与装饰、印刷与广告、书籍装帧、纺织品，陶瓷和玻璃系将在以后增设。"[②]

　　在联合会的课程计划中，对商业实践缺乏关怀是很明显的，并且是有用意的。即使它的许多成员是工业家，他们在设计教育上的视野并未超越同时期美国设计学校的所作所为。与这些学校相比，包豪斯出现了克服手工艺训练局限的做法。但是，联合会乐意接受一个欧洲设计教育模式，就意味着忽视已获产品营销成效的美国实用主义方式。

　　联合会为现代式手工艺课程做出了定位。起初，拟定由格罗皮乌斯来领导这个新学校。当时，格罗皮乌斯已在哈佛大学设计学院研究生院（Harvard's Graduate School of Design）教设计，他极力推荐莫霍利·纳吉任校长，并称赞莫霍利·纳吉（图 3-25）是位综合性的艺术家，在工业和广告领域有广泛的经历。[③]莫霍利·纳吉接受了邀请，建议校名为"新包豪斯"（New Bauhaus）。1937 年 7 月，他从伦敦抵达芝加哥。

---

① 包豪斯虽于1919年开始于德国魏玛,当时是作为一所实用美术学校,但包豪斯校名并未引起广泛注意,直到1923年才首次举办面向公众的展览。

② Lloyd Engelbrecht, *The Association of Arts and Industries : Background and Origins of the Bauhaus Movement in Chicago* (PH.D.dissertation, University of Chicago, 1973), p322.

③ Walter Gropius, Letter to Norma K.Stahle, May 18, 1937, in Hans M.Wingler, *The Bauhaus : Weimar Dessau Berlin Chicago*, p192.

图 3-25 莫霍利·纳吉,
1946 年 (左)
图 3-26 莫霍利·纳吉
在新包豪斯开学典礼上,
1937 年 (右)

3.4.1.2 包豪斯教学体系的延展

莫霍利·纳吉在新包豪斯开学典礼上发表了关于"教育的重点"的演讲
(图 3-26):

"在今日,受良好教育意味着积累从古至今的有用经验。在流水线时代,
人们把部件和螺丝钉装进机器,却对其功能与用途一无所知。书籍被我们视
为朋友,我们应该给它赋予完美的存在形式,而不只是进行专业学习的基础。
人们说话时,有词语和声音,人们会感到陶醉或恐惧,这是因为他不是一个
演说家,他只是一个普通人。有一天,你会发现声音不只是响亮,它也是一
种美。人们再努力一下,他们的声音就会让人感到高兴。人们使声音美丽的
能力能够解放他自己……人们运用他的能力发出声音,完善它,寻找措词,
观察它的效果。这时,人们成为演说家,作家和演员……当我的小女儿还不
会走路的时候,为了让她学走路,我们使尽了办法,她仍然不动,怎么让她
动一下呢? 突然,她发现了一个红色玩具,于是她主动地走了起来,即使到
草坪的另一头,这个红色玩具是使她动起来的原因。现在,当已经学会走路
的人们发现生活的色彩,高于食物、水和睡觉本身,而这些方面每个人都可
以不出钱就拥有它,只要你用眼睛,用心灵去感受与学习,那么人人都是天才。
我们不想加入底层艺术者的行列,我们不去教纯艺术,但是我们训练你们成
为一个艺术的工程师。这意味着我们要重新塑造艺术。如果学生们成为了艺
术家,那是他们自己的选择。我们知道,当他们学会使用材料、懂得空间和
看出色彩时,他们会做得比艺术家更好,因为不管他们的想象有多么海阔天
空,却总是能够找到实现的根基。对于企业而言,我们通过我们的研究提供
服务,解决他们的问题。在我们的工作室,我们提供综合色彩与时尚的印刷
设计、墙纸设计、壁画设计,在室内装饰上我们使用清漆、油漆、喷涂和调
和色;我们将使用彩色的和黑白的缩影照片、电影图片在商业包装和海报领

域展开我们的工作。"①

新包豪斯的教学计划是要打造时新的特色，以实现有重大意义的目标（图3-27）。在第一学年两个学期的基础课程（预科）安排上，莫霍利·纳吉意在提供包括物质材料、表面特效、三维立体空间和体积现象的训练；提供的辅助课程如自然科学科目，则由来自芝加哥大学且有志于全面教育的部分教员担任；六个工作室是在学生完成基础课程后用来提供各种不同专业方向的训练，学生们可以在这些工作室之间自由做出选择；随后的课程是在第五到第六学年的时间逐步获取建筑学学位，以为最终的教育学业的完善做打算。这个教学计划可看做是源自 1926 年德绍包豪斯教学大纲的原则，更是对它的更新和延展。

同时，莫霍利·纳吉在发表于芝加哥一家期刊《更多商业》（More Business）上的一篇文章《新接近的设计原则》中宣称：

包豪斯教育理念是来自为大批量生产和现代建筑而设计的坚定信念，以及广泛使用钢材、混凝土、玻璃、塑料等新材料而需要有新意念的新人去建构它的基础上。对材料和机器的正确认识对于赋予产品有机功能是同样非常必要，这些内容对新包豪斯来说，男生和女生要在实践和理论方面进行训练，包括造型原理和各种材料属性及加工工艺，最终成为在舞台、展示、展览类建筑、印刷版式、摄影、模型和绘画等方面的设计师。

在当代教育容易引向孤立的专门研究的意识上，包豪斯教育首先规定了设计的原则，是一个与设计师未来工作相关联的所有领域的一种综合知识。有着新意念的独立工作者只能成长在智力和艺术均自由自在的氛围中，所以，包豪斯不认可传统成见，因为它可能阻止学生的创造力。对于整合感官上和智力上的体验，需要追求所有自然天赋的一个平衡发展。为了达到这个目标，包豪斯教育问题中的一个方面是去保留成年人中尚存的儿童般真诚的情感，还有他的真实观察，以及他的想象力和创造力。②

图 3-27 新包豪斯校徽，
1937 年（左）
图 3-28 新包豪斯工作
坊，1938（右）

① Sibyl Moholy-Nagy, *Moholy-Nagy：Experiment in Totality*，.New York：Harper Brothers，1950，p30. 转引自桂宇晖，《契合与发展——包豪斯与中国设计艺术的关系研究》，东南大学博士学位论文，2005 年。

② Lloyd Engelbrecht, *The Association of Arts and Industries：Background and Origins of the Bauhaus Movement in Chicago*（PH.D.dissertation，University of Chicago，1973），p327.

实施的基础工作室包含工具、机器和不同材料（木材、金属、橡胶、纺织物、纸张和塑料等）的实验（图3-28），原则上不允许学生抄袭任何现存的事物。这样要求的用意也在于端正学生的工作作风及其做事的态度。在对材料的操作过程中，学生落实了它们在结构组织、质地肌理、表面处理方面的主要知识，逐渐地，他们会发现这些材料的可能性，促使他们得到更多掌控的方式，从而形成对体积和空间的立体意识。

图3-29 新包豪斯基础课程作业展，1938年

基础工作室还提供对图象、几何图形、字体的分析、模型和摄影等一些媒体的体验以及对声音效果和音乐器材的现场音响体验。同时，学生也要接受与艺术相对称的科学教育，如物理学、化学、生物学、生理学和数学。在艺术史、科学、哲学、心理学等方面安排了客座演讲，以提供当代政治、经济和社会制度方面的常识，从而形成学生对周围世界环境的认识，最终影响学生去接近创造活动。

六个工作室分别是：①木材，金属（项目设计）；②纺织品（编织、印染、时装）；③色彩（壁画、装饰、壁纸）；④光（摄影、印刷版式、动画、霓虹灯广告、商业艺术）；⑤玻璃，黏土，石材，塑料（模型制作）；⑥展示（舞台道具与建筑模型）。这些工作室帮助学生参与实际构思及操作，实现各种形式的设计活动（图3-29）。

在这一时期，莫霍利·纳吉完全赞同美国教育家约翰·杜威（John Dewey，1859—1952）关于"人人都具有创造的天赋"的论题，而这一点也正与莫霍利·纳吉早年在魏玛包豪斯宣扬"人人都是天才"的教育哲学相吻合。以杜威这一观念为基础，"新包豪斯"的师生团队发展中明显倾向于天真质朴的作风而少见狂妄自大的苗头，与旧包豪斯相比，也几乎看不见强迫的行为。作为设计学校董事会的赞助人之一，杜威本人亲切友好地支持莫霍利·纳吉接下来几年办学的努力行动。

杜威进步主义的教育思想，在1910年至1940年间引起美国教育的重要改革，并形成主流。这是一种以学生兴趣为中心和自由学习的理论，视教育为生活的一个历程。基于教育即生活经验和生长发展的观念，杜威设立了教育的基本原则：其一，强调学生自由，自由活动，以达到思想独立；其二，学校课程应依学生的生活经验为基础，而非学习经由教师事先编拟好的固定教材，教师应与学生共同设计课程；其三，教材是用来解决生活上的困难问题，且紧迫的

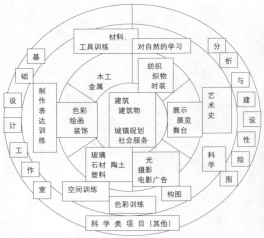

困难问题在课中占有优先的地位。[1]进步主义承认理性和经验在实践中有其相互
的作用，但仍然是偏重经验。经验是解决生活问题的工具和手段，经验的重组
和改造便是教育的作用，使知识逐渐丰富，使生活逐渐减少失误。这些观点也
为莫霍利·纳吉改革设计教育提供了理论支持。

莫霍利·纳吉发展了包豪斯"艺术与技术的统一"的观念，他把艺术、科
学与技术因素全部容纳于设计艺术的视野，把它作为设计艺术教育的必要内容
（图 3-30）。莫霍利·纳吉在新包豪斯课程的安排中，提取了大量德国包豪斯
时期的教学模式并应用于 1 年的预科课程，以便为以后 3 年的特定工作室训练
打下基础。预科课程意在激发学生的感觉和想象力，这也是为他们的几个不同
的工作室目标做准备。1938 年初的第一学期有 35 名学生，第二学期有 25 名
学生。莫霍利·纳吉主讲前两个学期的基础课，课题名称为"材料、体积、空间"。
一如他在德绍包豪斯树立的"人人都是天才"的号召，只不过如今他想把这个
原则拉近现实生活，融入到大规模工业和技术文明的真正实际的要求中去。莫
霍利·纳吉还特别关注形态是怎样产生的，他对形态的直觉力哲理被人称为"有
机功能主义"[2]，这是运用自然结构作为人工制品的模数的艺术。对莫霍利·纳
吉来说，设计标明着人们自身在世界中的处境，并预示着深奥程度的存在哲学，
这是形态的来源，它们与产品的使用关系形成深刻的象征因素。

当新包豪斯开学伊始，莫霍利·纳吉以德国包豪斯作为教育模式，并以此
为信念和期望投入工作。第一学年期末，新包豪斯公开举办了学生设计展（图
3-31），新闻媒体做了广泛报道，如《芝加哥日报》（Chicago Daily News）、《艺
术文摘》（Art Digest）和《时代周刊》（Time）等。《时代周刊》记录了这次"迷
惑的无标题的项目"，"看上去太奇异了"，文章解释了此种方式用以阐明"莫

---

① Devey，John.*Democracy and Education*.New York：Macmillan.

② Alain Findli，"Moholy-Nagy's Design Pedagogy in Chicago（1937—1946），"*Design Issues 7*,NO.1（Fall
1990）：p4-19.

霍利·纳吉和同事们希望使美国建筑和美国设计获得新生的一套办法"①。

1938年11月,《更多商业》杂志上发表了莫霍利·纳吉在新包豪斯写下的文章。该文重申了他关于新的改进产品的希望:"基础工作室允许多种工具、机器设备和不同材料的体验,如木材、金属、橡胶、纺织、纸张、塑料等。既无任何抄袭,也无任何学生交出不够成熟的模型。在工作中运用材料,他(或她)们得到了关于材料外表、结构质地和表面处理的整体知识。逐步地,他发现这些材料可支配的多种契机……但是,材料、工具及功能知识都是所有设计的保证,如此高质量的一个客观标准,绝非偶然的、个别的原因才会取得认可。"②

在新包豪斯关闭前,学生们对产品设计很有兴趣,他们期待在完成一年的初步课程后进入三年工作室训练阶段,专门接受关于木材、金属和塑料的训练。莫霍利·纳吉于1939年建立设计学校后的研究所是工作室,"产品设计工作室"在学校1940—1941学年的目录中有所标明。莫霍利·纳吉一直是工作室的指导教师,还雇佣了一位美国设计师,另有几个人负责助教事务。

一年的时间是不足以检验新包豪斯的价值的,而且,它的关闭不能归因于教学结果的不成功,而是出于资助的撤销和"艺术与工业联合会"对它的特殊要求所致,即实用主义要求与目光短浅的期待。"艺术与工业联合会"始终侧重实用主义的注重实效方面,储蓄的意外衰落令它无力提升基金对学校财政需求增长的支持。同时,莫霍利·纳吉与赞助方负责人斯蒂勒之间的不同志向,加上一小帮持异议的学生的抱怨,莫霍利·纳吉卷入了与联合会的纠纷之中,并导致了激烈的争执,因为之前他们对他的承诺是对他援助到底。分歧的结果,促使他决定自己开办一所新学校。

"艺术与工业联合会"当时是极度短视,忽视了莫霍利·纳吉对教育所持有的文化魅力的认识、对新包豪斯成就的广泛声誉的理解。就在新包豪斯解散不久,1938年12月由纽约现代艺术博物馆(Museum of Modern Art)举办了《包豪斯(1919—1928)》大型展览,与此同时,包豪斯师生作品集出版,并在社会上得以传播。③

3.4.2 广阔的视野:《动态视觉》

莫霍利·纳吉的生活和他在新包豪斯及芝加哥设计学院工作的最后十年(1937—1946年)被反映在他的多种写作、文章和专著中。《从材料到建筑》(*From Material to Architecture*)(修订版为《新视觉》)曾是作为他对欧洲包豪斯经验的总结而产生的,同样,《动态视觉》(*Vision in Motion*)又是一次综合,

① Clarence J.Bulliet, quoted in Engelbrecht, *The Association of Art and Industries*, p293.
② Laszlo Moholy-Nagy, "New Approach to the Fundamentals of Design," *More Business : The Voice of Letterpress Printing and Photo-Engraving 3*, no.11 (November 1938) : p4.
③ Herbert Bayer, Ise Gropius, and Walter Gropius, eds., *Bauhaus 1919—1928*, (New York : Museum of Modern Art, 1995 [c.1938]), p216.

图 3-32 《动态视觉》封面，1947 年

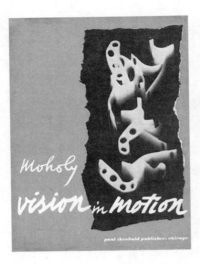

主题与内容跨越了他的两个包豪斯时期，总结了作者 25 年来在视觉艺术与设计教育方面丰富的经验。莫霍利·纳吉去世后，该书作为遗著于 1947 年在芝加哥出版（图 3-32）。莫霍利·纳吉写作这部著作是在第二次世界大战期间，当时他的设计学院正忙于从事用于战争防御工程的伪装技术研究，而他自己已患上白血病，但这并未挫伤他那天真的乐观主义处世哲学与信念，他坚信，通过艺术和艺术设计教学可以拯救世界，无论是在他的文章写作还是从他的绘画作品中都能明显看出这种愿望。在《动态视觉》中，有大量篇幅陈述着和平的福利国家社会与教育以及设计等方面的内容。

　　该书主要包含四个章节，第一章是"形势分析"，第二章是"方法的新规律——为生活而设计"，第三章是"新教育——有机的方法"，第四章是"一个建议"。在第一章，莫霍利·纳吉概述了工业革命以来大工业化社会发展的状况与趋势，并具体分析了诸多方面的因素，比如专家、道德责任的减少、不可分割的教育、正式的与非正式的教育、科学带来的迷惑、传播机器、通才教育、这一代的任务、业余爱好者以及艺术的功能、艺术与科学等。由于本书是为艺术家、外行以及所有对现有文明感兴趣的人而写，因此，莫霍利·纳吉以一个宽广且更加总体的观点陈述艺术与生活的相互关联，使其意识到艺术是作为我们生活方式的一个总体部分，而本书也是以艺术与生活相统一为基本前提。同时，莫霍利·纳吉主张在人的基本素质、智力与情感需求、心理和肉体健康方面增加生物学的关联。对于当时教育界普遍划定知识宽度的范围或是要求消化特定数量的知识信息而把学生看做"知识容器"的现象，莫霍利·纳吉则强调培养学生的理性，引导学生成为具有深刻思维力和明智判断力的人，对此，他引用了近代瑞士教育家裴斯泰洛齐（Johann Heinrich Pestalozzi，1746—1827）的一句名言："教育的目的在于获取知识的力量而非知识本身。"[1]

　　第二章，莫霍利·纳吉从社会的层面审视了艺术与工业的关系，主要涉及公理、设计的潜力、建立思索的路线、形式与形状、流水线装配的时代、流线型、新的工作条件、社会牵涉面、生产的经济、艺术家的角色、前卫派、知识的传播、心智的调整等方面。莫霍利·纳吉以对美国当代设计现状的分析为切入点，从"形式追随功能"谈起，认为"形式既要追随功能又要紧跟科学和技术的发展"[2]，希望设计师熟知当代资源并能全面地了解其趋势，从而建立新的思考方式。在这一章节中，莫霍利·纳吉对一些要素所进行的细节分析为新的设计发展趋势

---

① Laszlo Moholy-Nagy，*Vision in Motion*（Chicago：Paul Theobald，1947），p18.

② Laszlo Moholy-Nagy，*Vision in Motion*（Chicago：Paul Theobald，1947），p48.

提出了一种可靠的方法，同时也描述了设计师的直觉的作用及其把握方式。对时下美国商业主义设计的弊端，莫霍利·纳吉展开了批评，认为对它进行矫正的一个办法则是尽职尽责地训练新一代的生产者、设计师和消费者，让他们掌握"形式服从功能"的基本关系。正是基于这种精神，莫霍利·纳吉领导下的芝加哥设计学院"试图通过回到基本的原则，并在此之上建立起一种新的与社会和技术衔接的设计知识以教育其学生。"[①]莫霍利·纳吉把工业的整个制造过程放置在广阔的社会语境中，在设计上顾及了生产的经济、装配的简化及改善工人现有工作条件等社会因素。这一章还列举了对设计观点上一些问题的具体分析，比如莫霍利·纳吉在分析椅子的历史和功能时，显示了自身对该项目的精通和他的理想主义愿景："明天的坐具也许是由一些压缩气囊组成。"[②]莫霍利·纳吉还强调了设计不是一项职业，而是一种行为。因而，莫霍利·纳吉为设计师建立了较高的职业标准。莫霍利·纳吉曾视设计为未来社会的模型，设计现已转变成他实现社会乌托邦的媒介。无论如何，莫霍利·纳吉始终严谨地对待设计项目，即使在从事商业性的设计上，他也在这种类型上努力创造长久的价值，例如他为帕克钢笔公司（Parker Pen Company）设计的自来水钢笔"51型"获得了成功及好评，至今仍在生产。

莫霍利·纳吉的主要兴趣是教育，第三章包含两部分内容，其一是概述，主要有：包豪斯基础课程、教育方法、关于科学的求知欲、共同的分母、资质测试及职业的指导、雕塑、触觉结构、机器实习、材料与工艺、专门化的工作坊、建筑部门、当代住宅、空间的概念、社会的规划等。其二是一体化的艺术，主要有：绘画、摄影、雕塑、时空问题、动态影像、文学、诗歌等。在对艺术教育作了简洁的历史概述之后，莫霍利·纳吉在他早期理论的基础上重申了他对专门知识各自孤立的状态给予否定的观点。他认为理智和情感教育同等重要，甚至涉及到精神分析学，可以感受到人类心灵的精神创伤。这表明莫霍利·纳吉有了新的认识，之前他仅认为理性和创造力是独立于情感因素的，现在他通过自身的个性体验经历而感受到这一新的领域，或许来自精神现象类文学在美国的强大影响。因此，莫霍利·纳吉不仅在智力方面，而且连他的人性都变得丰富起来。他认为，人们内心深处的情感官能一定会扩展，触觉一定会成长得更加细致，因而也要求设计师考虑到工业上的人性化需求。他认为艺术工作意味着塑造新的前景，并大量地获取一些实际的知识。这时，目的已不再是创作一幅画或一件雕塑，而是适宜的工业形态。

在对建筑问题的关注上，莫霍利·纳吉认为："建筑是在功能与情感的满足前提下完成的空间配置，更是一个生活的有机组合，一件呈现人类生命圆融度的艺术创作。"[③]莫霍利·纳吉将空间的处理看作是现代建筑最显著的特征，并认为空间的经验是一种生物的功能。空间的限制则阻碍工业设计和建筑对

---

① 许平，周博，《设计真言》，（南京：江苏美术出版社，2010），第285页。
② Laszlo Moholy-Nagy, *Vision in Motion* (Chicago：Paul Theobald，1947), p49.
③ Laszlo Moholy-Nagy, *Vision in Motion* (Chicago：Paul Theobald，1947), p105.

一个更为关键的领域作进一步的讨论，莫霍利·纳吉认为美国当时在建筑工业生产方面发展缓慢，住宅项目仍旧是一个个人筹划的问题，缺乏足够的协作和适当的科学技术分析。对此，莫霍利·纳吉指出"我们未来的城镇规划将在很大程度上依赖新型预制房屋的实现，无论是对于家庭住宅还是城市建筑，在我们能够形成一种合理有效的建造程序之前，我们还有许多工作需要做。"①在建筑与社会条件的关联上，他想象未来的房子将是移动的、旋转的和完全透明的。他对城市规划有着很大的兴致，希望"未来的城市将会是通透的、整洁的和卫生的"②。

莫霍利·纳吉还探讨了文学和诗在视觉文化与教育上的必要性，认为文学教育对学生教育非常重要，因为它能帮助他们懂得生活的方向和生活的新概念。他分析了文学与视觉体验和视觉效果方面之间的联系，并列举了诸如现代印刷版式、报刊页面和广告等案例。由于莫霍利·纳吉早年攻读过法律本科，法学的钻研开发了他的心智，尤其是法律的条文在文字的斟酌、意理的辨明、逻辑的符合、论证的确切等方面的严格要求对他影响较大。这些从法律学科所获得的治学方法，奠定了莫霍利·纳吉对艺术教育的基本标准，便是读、写和听等基本文化能力的严格要求。体现在文学教育上，讲求的是思想性、严谨性和条理性，要求学生必须在文法、修辞和逻辑上加以努力。读、写和听似乎简单而无需特别的训练，但是莫霍利·纳吉认为："如果我们觉得识字应当包括正确的认知分辨、批判的能力与领悟鉴赏，那么一些人其实是视听方面的文盲。"③考虑到当时美国的青年一代在文字书写和文化基本能力上的欠缺，莫霍利·纳吉在芝加哥设计学院课程计划中安排了西方文学名著研读，使学生对以往重要的文学作品达到深刻的认识，同时了解人在哲学方面的概念。

最后一章，莫霍利·纳吉建议青年一代应该：掌握关于社会、自然与自我的各种知识的方法；熟悉多种获取专业能力的必要手段和工具；了解科学技术的发展趋势，以使自身更好地理解现代世界生活方式；对伦理道德具有一定的判断能力等。④在莫霍利·纳吉看来，"动态视觉是同时做出的把握能力——看、感应和思考相关联，而不是一组孤立的现象，这是为了有效地把直观视觉升华到抽象层面；动态视觉是同时性和'时间——空间'的同义词，一个理解这种新维度的手段；动态视觉不是在现实中，就是在立体主义与未来主义这样的视觉再现形式中看到的运动物体；动态视觉是熟悉变动中的世界，反对固定不变的形式及目的；动态视觉是边动边看；动态视觉也是意味着我们幻想的计划的能力。"⑤

---

① Laszlo Moholy-Nagy, *Vision in Motion* (Chicago：Paul Theobald，1947)，p52.
② Laszlo Moholy-Nagy, *Vision in Motion* (Chicago：Paul Theobald，1947)，p53.
③ Laszlo Moholy-Nagy, *Vision in Motion* (Chicago：Paul Theobald，1947)，p58.
④ Laszlo Moholy-Nagy, *Vision in Motion* (Chicago：Paul Theobald，1947)，p360.
⑤ Laszlo Moholy-Nagy, *Vision in Motion* (Chicago：Paul Theobald，1947)，p12.

《动态视觉》像百科全书一样全面地涵盖了20世纪上半期现代设计运动，书中以或长或短的篇幅讨论了诸多运动及代表人物，莫霍利·纳吉以广博的视觉知识和对城市生活环境敏锐的评述，阐明了现代设计、绘画、文学、建筑、电影、科学和工业等领域的联系，也抒发了对艺术、技术与科学整合的强烈愿望，力倡人人参与其中，把艺术融入生活。因此，无论是外行还是专家都能从该书所描绘的社会蓝图中获得深刻的启示。格罗皮乌斯表示："我认为这将是艺术教育的一部重要著作。"[①]

莫霍利·纳吉在新包豪斯开展的艺术与科学和技术的结合是对包豪斯教育体系的更新和延展，他到芝加哥的目的不仅是恢复包豪斯教学，而是在于运用包豪斯哲学转变人类上作出一个新的尝试，并志在通过行动把包豪斯的抱负扩充到统一所有的人类经验，不仅有美学、技术和商业，也包含想象力和智力。尽管莫霍利·纳吉没能实现他所梦想的文化整合与改变工业设计的面貌，但是通过在这里的一系列教学活动，从新包豪斯到芝加哥设计学院，给美国商业、艺术和教育树立了新的标杆，并使包豪斯观念在美国文化中赢得一席之地，同时也帮助给芝加哥带来了文化的黄金时代。在美国芝加哥开创现代设计教育的十年时间，是莫霍利·纳吉职业生涯的最后一个阶段，也是他的教育理念成熟的时期，集中反映在他的遗着《动态视觉》中，包豪斯理念得到了明确的表达。从新包豪斯的教学计划上来看，是要打造时新的特色，以产生有重大意义的目标。在延续包豪斯传统基础课程和工作室实习的基本教学内容后，莫霍利·纳吉积极引入了通识教育的课程安排，这是对艺术设计教育教学的进一步改善。莫霍利·纳吉在这一时期的设计教育思想对美国的现代设计及设计教育的发展产生了重大影响，取代新包豪斯的芝加哥设计学院并入伊利诺伊理工学院之后，多数课程设置如视觉传达、产品设计、摄影等被许多院校沿用至今。

不过，美国设计理论家维克多·帕帕奈克（Victor Papanek，1927—1998）对莫霍利·纳吉继承的包豪斯设计基础教学方法在现代的建筑和设计院校被广泛沿用的现状提出批判，他于1971年出版的《为真实世界的设计》一书中写道：

"几乎和所有的教育一样，设计师教育的基础也是对技巧的学习，对才能的培养，理解那些能够使人熟悉这个领域的概念和理论，并最终获得一种哲学。不幸的是，我们的设计学校是从错误的假设开始的。我们所教授的这些技巧常常与一个已经终结了的时代中的程序和工作方法相关。其哲学是一种自我纵容、自我表现、放荡不羁的个人主义和一种唯利是图、冷酷无情的物质主义的混合物，两者在其中不相上下。早在大半个世纪之前，教授和传播这种偏颇知识的方法就已经过时了。

……现在，大约40年过去了，这本描述了1919年开展起来的设计实验，

---

① Walter Gropius, *New Bauhaus Catalogue* (Chicago : Association of Arts and Industries, 1973), p2.

1929年出版德文，1936年被翻译成英文，1947年又再版的书《动态视觉》，在几乎所有的建筑和设计院校里仍旧是设计基础课的导论性课程。这个实验变成了传统的行军，愚不可及的迈进了本世纪最后这几十年。我们是否能考虑到学生们已经是不胜其烦了呢？无疑，一个在1984年9月份进入到一所设计学院或大学的学生，必须学会在1989年开始的职业圈进行有效的工作，这样，长远的看，他才能够在大约2009年左右在职业能力上达到一定高度。

对今天的学生而言，还在用带锯或电钻是毫无意义的，在将近70年前，包豪斯开始的时候，他们就已经很熟悉这些工具了。现在，只有全息摄影术、微处理器、最新的技术以及其他一些在技术前沿的工具才能够提供这种学习功能。"[1]

诚如帕帕奈克所言，包豪斯与莫霍利·纳吉在设计基础训练上的技术在其后来的时代已经不合时宜了，而需要代之以全新的且能即时互动的教育方法，因为帕帕奈克感到"学习必须是一种狂热的体验。学习者通过他对环境的响应发生改变（即受教育）"[2]。但是，帕帕奈克并未读懂《动态视觉》，因为他只看到了该书中表述技巧的一面。而在事实上，包豪斯教学思想的核心价值在于对创新思维与方法的探索，探索也是莫霍利·纳吉在教育中的重要目标，训练学生能学到从任何问题的解答中发展出新的问题，学生习作中已包括具有对感性、理性、智性以及鼓励创新的启发和尝试。因此，包豪斯与莫霍利·纳吉在设计基础教学中的理念远未过时，遗憾的是仍有一些学习者仅是领略了其中部分技术层面的知识。

3.4.3　设计教育中的通识教育

通识教育的萌芽源于古希腊先贤亚里士多德的"自由教育"思想，他认为高尚的教育应以发展理性为目标，使人的心灵得到解放并和谐发展，以享用德行善美的闲暇生活而进行理智活动。这一思想对西方的教育发展产生了深远影响。现代大学通识教育的概念则于19世纪初由美国学者提出，后来逐渐受到美国多所高校的普遍重视。莫霍利·纳吉延续了德国包豪斯"艺术与技术的统一"宗旨，在"新包豪斯"积极引入通识教育思想，把教学目标定位于"艺术与科学和技术的结合"，课程上设置了一部分自然与社科类非专业课程，着力培养学生文理俱全的素质，培育学生的综合能力，这是对艺术设计教育教学的进一步改善。20世纪40年代，哈佛大学正式提出"自由社会中的通识教育"，宣示通识教育的目的在于培养"完整的人"(total person)，并逐步形成了包括语文、数学、自然科学、社会科学、人文科学以及若干艺术门类在内的比较全面的通识教育课程体系。20世纪70年代，哈佛大学又一次进行通识教育改革，提出

---

① Victor Papanek, *Design for the Real world*, Chicago：Academy Chicago Publishers，1984，p285-287.

② Victor Papanek, *Design for the Real world*, Chicago：Academy Chicago Publishers，1984，p287.

要将学生培养成"有能力有理性的人",并制订了"核心课程计划",设立了核心课程管理机构。1982 年,它把核心课程调整为外国文化、文学艺术、历史研究、道德批判、科学、社会分析、定量推理等七大领域。2004 年发表了《关于哈佛学院课程调研的报告》,重申本科教育的通识教育性质。至今,美国的通识教育仍在争议中不断扩大其影响,因此,当今美国高等教育的强大,与其长期重视通识教育有着直接关系。多年来,通识教育思想已经为世界各国大多数高校所认同。在当今信息社会,高新科技迅猛发展的新形势下,如何使受教育者尽快适应知识经济时代的多方面要求,尽快成长为社会需要的合格人才,给予了通识教育全新的使命。

3.4.3.1　通识教育在美国发展的背景

通识教育是美国现代高等教育的显著特色,其思想源头可以追溯到古希腊的博雅教育(Liberal Education),以培养"理智的自由人"为目标,教育目的在于陶冶心灵、养成德行,其教育对象是以上层社会的"有闲阶级"为主,以"文法、修辞、逻辑、几何、算术、天文、音乐"("七艺")为教育内容,这些课程设置很接近古代中国形成于奴隶制社会的"六艺"(礼、乐、射、御、书、数),二者都包含了德、智、体、美四方面的内容。欧洲文艺复兴时期所倡导的人文教育是从批判经院主义教育出发,它强调人的身心和谐发展,主张拓宽学校课程内容和学科范围,提倡使用新的教育和教学方法。19 世纪由英国都柏林天主教大学校长及红衣主教纽曼(John Henry Newman)提出了"自由教育",认为大学是传授普遍知识的场所。同时期还有新人文主义思想的杰出代表洪堡(Wilhelm Von Hunboldt)在德国推行的"普通人的全面教育",它包括"一般性知识"、"基本能力"以及"思想性格方面一定程度的修养",这将保证人们"永远能从某一行业随意转到另一行业"。以上这些都是兴起通识教育思想的理论源泉。

由于工业革命之后,资本主义得以迅速发展,科技的日新月异,工业化时代的来临,使大学教育产生服务社会的职能。从 19 世纪中叶起,美国多数高校在实用主义大学观的启发下,开始依据学科导向设置专业,还面向市场,实施职业教育。在功利主义思想的主导下,高等教育世俗化趋势日益明显,专业教育和职业教育倍受重视,却又带来一系列的问题,使资本主义文化矛盾不断激化。人们在追求物质利益的时候,忽视了精神需求和对人生价值的思考,人被异化,教育沦为发展经济的工具,以致越来越背离教育的本位。

在此背景下,许多教育家发出回归教育本位的呼吁,通识教育的概念逐渐产生。1828 年,耶鲁大学发表了著名的《耶鲁报告》(The Yale Report of 1828),报告中使用了"通识教育"(general education)一词。1829 年美国博德学院(Bowdoin College)的帕卡德(A.S.Packard)教授在《北美评论》(North American Review)撰文提出:我们学院预计给青年一种通识教育,一种古典文学和现代科学的、一种尽可能综合的通识教育,它是学生进行任何专业学习的准备,为学生提供所有知识分支的教学,这将使得学生在致力于学习一种特殊的、专门的知识之前对知识的总体状况有一个综合的、全面的了解。[①]1869年，35岁的化学家艾略特（Charles William Eliot）被选为哈佛大学的校长，他在就职演说中明确宣布"本校要坚持不懈地努力建立选修制"[②]，开设了一些"综合性"、"整体性"的通识教育课程，掀起了通识教育发展的第一次高潮。20世纪30年代，芝加哥大学在校长赫欣斯（Robert Maynard Hutchins）的领导下，对本科教学进行了通识教育改革，其目的是"帮助学生学会自己思考，作出独立的判断，并作为一个负责的公民参加工作。"[③]该校把各类不同专业方向都必不可少的知识划分为生物科学、自然科学、社会科学和人文科学四大类，要求学生必须掌握这四大类的基本知识方法和理论，并强调培养学生文字表达能力的重要性。芝加哥大学的教学改革，进一步明确了高等学校通识教育课程应该关注的知识领域和内容，为通识教育课程的设计奠定了一定的基础。此后，布朗大学、威斯康辛大学和圣约翰学院等相继开设了通识教育课程，通识教育由此被多数美国高校所认同和接受。

第二次世界大战后，经历战争创伤的欧美国家希望高校在重塑心灵和维护民主社会方面有所作为，要求大学加强广博的知识，弘扬西方文化遗产，因而当务之急是加强全面素质的教育。哈佛大学校长康南特（James Bryant Conant）领导的委员会发表了《自由社会中的通识教育》（General Education in A Free Society），提出通识教育的目的是培养"完整的人"，即能有效地思考、清晰地交流、明智地判断和正确地辨别普遍性价值的人，并认为通识课程应包括自然科学、社会科学和人文学科三大领域。杜鲁门总统委派的高等教育委员会（President Truman's Commission on Higher Education）发表了《民主社会中的高等教育》（Higher Education for Democracy），强调"通识教育是非职业化和非专门化的学习，是所有受教育的人应有的共同经验"；"通识教育要给学生某些知识和技能，使其形成一定的价值观与态度，在自由社会里生活美满"；"使学生能将现实中丰富的文化遗产和经验智慧内化为个人的品质，使学生不仅在思想观念上认识了解自由民主，而且在行动上履行公民义务，捍卫自由民主"。以上两份报告是在第二次世界大战后科学技术发展新阶段发表的，都从战略高度指出了通识教育的重要性，在美国引起了强烈反响。多数高校着手落实通识教育事宜，从而掀起了通识教育发展史上的第二次高潮。[④]

3.4.3.2 通识教育在设计教育中的首倡

通识教育教育的内涵，在性质上，是高等教育的组成部分，是所有大学生都应该接受的非专业性教育；在目的上，旨在培养积极参与社会生活的、有社

---

① 谷建春，《通专整合课程论》，（长沙：湖南师范大学出版社，2008），第33—34页。

② Smith, Richard Norton, *The Harvaed Century*, (New York：Simon and Schuster, 1986), p15.

③（美）赫欣斯，"民主社会中教育的冲突"，《西方教育名著通览》，任钟印主编，（武汉：湖北教育出版社，1994），第152页。

④ 谷建春，《通专整合课程论》，（长沙：湖南师范大学出版社，2008），第34页。

会责任感的、全面发展的人和国家公民；在内容上，是一种广泛的、非专业性的、非功利性的基本知识、技能和态度的教育 [1]；在形式上，是关于方法的教育而不是关于知识的教育，在于使年轻人养成思考的习惯、判断的能力和正确的观念。在现实意义上，通识教育是相对于专业教育的一种补充或修正，是培养全面素质的教育。在大学教育领域，通识教育与专业教育孰轻孰重的问题一直是争论的焦点。20 世纪主要教育流派大多主张两者的关系应该协调发展，但在实际上，通识教育和专业教育从来就无法获得真正的平衡。哈佛等著名大学对通识教育和专业教育采取兼容并包的态度，通识教育逐渐蜕变为"通识教育加选科制"，使专业教育地位进一步上升，并在第二次世界大战之后形成垄断。对此，美国一些大学尝试通过加强通识教育来纠正学生素养上的偏颇，出台了诸如芝加哥大学"名著课程"和哈佛大学"核心课程"等改革措施。在现代西方，通识教育与专业教育之争，演绎出了不同的人才价值观、人才质量观和人才发展观，不断进行着通识教育与专业教育相互配合的实践活动。实践表明，美国的通识教育模式是卓有成效的，特别是在高等教育大众化、普及化阶段，通识教育模式发挥了重要的作用。

传统的艺术教育基本上是专业知识的教学。包豪斯在 1923 年提出的"艺术与技术的统一"则具有划时代的意义，是设计教育由传统的手工艺美术教育转向现代工业设计教育的转折点，也由此拉开了艺术与多学科领域综合的序幕。在德绍包豪斯时期的教学课程中，已经安排了数学、物理、化学等非专业课程，旨在培养学生文理俱全的素质，这种指导思想也贯穿在格罗皮乌斯在包豪斯中期发展阶段的办学原则上，他早在 1921 年就曾深切的写道，"培养学生的原则是要使他们具有完整地认识生活、认识统一的宇宙整体的正常能力，这应当成为整个学校教育过程中贯彻始终的原则。"他希望通过设计教育实现对社会的改造，这种以人为本的思想成为包豪斯教育的一大特色，并培养出了一批重视设计伦理的优秀设计人才，这一理念支撑着包豪斯敏感地把握了转型期社会的矛盾和要求，发挥了设计教育在社会价值体系中的能动作用。

在新包豪斯，莫霍利·纳吉在继承包豪斯教育体系的基础上，根据当时国际社会和美国的现实需要及发展趋势，把教学定位在艺术与科学和技术的结合上。鉴于通识教育观念在美国高校的普遍接受情况，莫霍利·纳吉在教学安排上设置了一部分非专业课程，以作为所有专业方向的共同基础课。莫霍利·纳吉曾经在他率直的办学宣言中表明他不想创建成一个职业的学校，他编写的广泛的课程大纲还包括科学、人类学和社会科学，以作为工作室实践的补充。科学的科目包括物理科学和生命科学，课程有：几何、物理学、化学、数学、生物学、生理学、心理学、解剖学、智力综合。还另有一些课时较少的概说类课程作为以上科目的附属，分别是：生物技术学、心理技术学、音乐、不同科目的讲座、文学及写作、光学和摄影及电影、到工厂和建筑工地参观、举

---

① 李曼丽，《通识教育——一种大学教育观》，（北京：清华大学出版社，1999），第 17 页。

办师生作品定期联展等。①作为对课程的援助，他从芝加哥大学（University of Chicago）聘请了查理·摩利思（Charles Morris）和另外两位教授兼职讲课。摩利思曾在统一科学运动中表现积极，并受杜威（John Dewey）的实用主义哲学影响颇深，在讲学中，他试图重新定义设计价值的普遍流行观念，认为视觉感知中还应包括科学和技术。摩利思支持学校"建立学生联合艺术家、科学家和技术专家的一致态度"的目标，他在第一学年计划中引进了一门"知识整合"（Intellectual Integration）教程，以帮助学生考虑在实践中去尝试实现整合的自然，他主张："新包豪斯展示它把艺术家整合到共同生活里的教育工作，在其中明智地运用当代科学和哲学……一个成功的包豪斯将会全面地影响艺术与工业，而不只是仅在功能和艺术教育系统的影响潜力。"②这个抱负远远超出了艺术与工业联合会的预期目标，这个哲学观点当时在美国设计界也是空前的。摩利思宏观的视野超越了"艺术与工业联合会"成员实用主义的式样风格的职业范围所关切的内容。

莫霍利·纳吉曾对同事们说过："工业设计师教育的问题，相对于通识教育，是第二位的，即设计师的培养只是设计教育的一部分而已。"③对莫霍利·纳吉来说，产品设计是包括在建筑和城市规划中的连续事务的一部分。在产品设计自身的研究方法上，莫霍利·纳吉不把它单列出来作为独立的实践。1940年2月，他出席了在密歇根大学（University of Michigan）举办的"整合设计会议"（Conference on Coordination in Design），他在讲演中声明了人们的"身心平衡地位中的生物潜能明显的表示出能做每一种工作，但危险的可能是在于只坚持

把特定的人特别地局限在他（她）的能力的一部分，而取代他（她）所有能力的综合所做的努力"④。他提倡对通识教育的共同原则建立不同形式的特别教学，以致形成"可操控的像生物学一样不断延续的通识教育体制"⑤。产品设计工作室所做项目演示了对人类生物学的潜力方面所开展的实践，使这一长期被忽视的标准得以恢复（图3-33）。

戴维·斯特文斯（David Stevens）是芝加哥大学教授，担任洛克菲勒基金会（Rockefeller Foundation）人文部门（Humanities Division）

图3-33 莫霍利·纳吉在产品设计工作室，1940年

① Krisztina Passuth, *Moholy-Nagy* (Thames and Hudson, 1985), p348.
② Charles Morris, "The intellectual program of the new Bauhaus", n.p.institute of Design Collection, Special Collections, University Library, University of Illinois at Chicago.
③ Sibyl Moholy-Nagy, *Moholy-Nagy：Experiment in Tota lity*, p241.
④ Laszlo Moholy-Nagy, "Objectives of a Designer Education", Conference on Coordination in Design, University of Michigan, February 2-3, 1940, typescript, p46.
⑤ Laszlo Moholy-Nagy, "Objectives of a Designer Education", Conference on Coordination in Design, University of Michigan, February 2-3, 1940, typescript, p46.

的负责人，他第一次访问芝加哥设计学校是在 1942 年，第二次访问是在 1944 年早期，他在一篇报道中写道："在我访问之后，最使我印象深刻的是莫霍利·纳吉的通识教育项目，而不仅是一个训练设计方面专才的地方。"[①]在斯特文斯看来，设计学校的通识教育计划，远比只为工业培训设计师更重要，他观察到莫霍利·纳吉所在的设计学校持续开展的项目，是在人类生物学方面的宽阔范围为"手工艺和工业中的艺术"下了新领域的定义。罗伯特·怀特罗（Robert Whitelaw）是洛克菲勒基金会的顾问，在 1946 年向人文部门提交的报告中，他赞扬莫霍利·纳吉领导的设计学校倡导的"艺术关联日常生活"的态度与行动。与莫霍利·纳吉一样，他批评产品式样上的商业主义设计，并且为把数百万美元耗费在纽约街头那些华而不实的壁画和雕塑而惋惜，而此时芝加哥设计学校却因得不到正当资助而难以为继。[②]

从与新包豪斯建校到改设为芝加哥设计学校及后来并入伊利诺伊理工学院（Illinois Institute of Technology）相关的文献来看，至少可以从三个方面来理解莫霍利·纳吉在艺术设计教育中率先开展通识教育的意义：其一，区分专业教育和通识教育，不过早分科，而是首先着眼于学生在心智方面的成长，注重引导学生开阔知识视野，促进其各方面能力的养成与个性的完善；其二，所进行课程和教学方面的改革实践是从整体到局部、一般到特殊的过程，试图通过全盘考虑的专业设计训练，使学生在教学实践中形成整体看待专业问题的眼光，设法将基础素质纳入专业素质当中；其三，把芝加哥设计学校合并到伊利诺伊理工学院，则意味着艺术设计教育作为边缘学科应当沿着文化和科学技术两条路径齐头并进，把自然科学和社会科学纳入艺术设计教育的基础部分。然而，莫霍利·纳吉的教育理想也有其局限性，明显的表现就是他的一些想法实际上无法付诸实践，比如，在课程内容上，莫霍利·纳吉认为应该以对人的生物潜能的利用作为教学的一个重点要求，但是，如何根据这一观点安排具体的教学环节，却是一个难题。在这些具体的措施与操作方面，莫霍利·纳吉论述的较少。况且，芝加哥设计学院还只是专科层次，在相对较短的学习年限里，要求学生成为通才则显然是难以实现的。因此，尽管莫霍利·纳吉以身作则地在专业教学中融入了通识教育的精神，但他试图整合专业教育与通识教育的思想也就只能流于表面。所以，莫霍利·纳吉理想主义教育思想对设计教育的影响，更多体现在观念领域，但从今天的观点来看，其更深远的影响也在于此。

时至今日，通识教育在多数国家方兴未艾。但要实现通识教育和专业教育整合，关键之一是能否将科学、技术和文化三者统一起来，因为高等教育的内容从性质上看分别属于这三个方面。因此，需要通过设计安排科学严密的课程体系来实现这三个方面的统一。

① David Stevens to Walter Paepcke, February 19, 1944.Institute of Design Collection, University of Illinois at Chicago.
② Robert Whitelaw, "A Study to Define the Processes for the Development and Use of the Industrial Designer in Serving Industry and the Consumer"(April 28, 1946), 3.Rockefeller Foundation Archive Center.

3.4.4　设计是一种态度

3.4.4.1　为社会发展而教育

莫霍利·纳吉的显着成就是作为一个抽象艺术家和摄影师，这是与他在 1923 年至 1928 年期间在包豪斯任金属工艺车间的形式大师与基础课教师时的业绩相关联的。他领导的新包豪斯、芝加哥设计学校和芝加哥设计学院，赢得了良好的公众形象。在这三所学校所取得的成就，多是体现在平面设计和摄影方面，很少在工业设计中发展有意义的项目。莫霍利·纳吉在未来设计和设计教育方面流行的见解所引起的关注，更多的是因为他作为国际公认的先锋派艺术家的声望，这远胜于他作为一个设计教育家的因素。当然还由于他的兴趣广泛而非只固守在单一职业范围。他把自身与全人类的发展关联在一起，并他把这个目标作为他全部课程的定位，用以增强学生的精巧构思，但这种影响在当时美国的产品设计教育上是难以取得成效的。

莫霍利·纳吉在芝加哥的事业冒险是复杂的。美国"艺术与工业联合会"盼望他为学生在工业方面的设计工作做准备，但无论如何，他不提倡与采纳当时美国式样主义特征的设计教育形式。由于他是从较为庞大的大学组织结构中独立地运营他的学校，因此他有一定的活动余地去发展理性的设计教育，但他为此付出了很高的代价，这也促使他应为保持学校运转而提供基金的商家负责，一如既往地努力前行。

当时，在面临着办学政策限制与财政困难的情况下，莫霍利·纳吉要竭力维持他的学校正常运转，还要调和他的欧洲艺术与设计教育整体论及人性论构想同他所依赖支持的美国商人们的实用主义期待之间的矛盾。尽管商人们的期待并不是划一的，但基本上他们都期望莫霍利·纳吉要教导学设计的学生如何提高产品质量，向他们灌输新种类的知识，以强化他们在美国中西部的工业优势及竞争力。

由于莫霍利·纳吉相信教育首先与首要的在于改变学生的经验，所以他在拒绝为准备就业而进行投机训练的同时，开展他为学校拟定的初步目标，坚持执行他的为人类发展而教育的根本愿望，这是致使他在教育上的进取精神方面备受争议的一点。新包豪斯、芝加哥设计学校及芝加哥设计学院的许多师生，在莫霍利·纳吉建立的由理性接近艺术与设计教育的个性解放之熏陶下，多数成为了设计教育者，只有少数人成为活跃的工业设计师。事实上，莫霍利·纳吉对工业的看法可能有双重意义。在他最后一部著作《动态视觉》里，他把美国现行工业归属于"资本主义社会无情的竞争系统"[①]，并发出关于"竞争与利润的盲目动力造就的工业，是无计划扩张的工业之危害，自动把冲突引向一个世界等级"[②]的警告。作为矫正方法，他推测"有计划的合作经济"[③]则是可行的工

---

① Laszlo Moholy-Nagy，*Vision in Motion*（Chicago：Paul Theobald，1947），p359.
② Laszlo Moholy-Nagy，*Vision in Motion*（Chicago：Paul Theobald，1947），p379.
③ Laszlo Moholy-Nagy，*Vision in Motion*（Chicago：Paul Theobald，1947），p383.

业体制。

莫霍利·纳吉明确地提出了关于对商业利益与社会需求和等同于社会主义的功能化设计的看法。他在《动态视觉》一书中讨论了 19 世纪末期的设计，特别指明"新型的社会主义者的原则和反独裁主义的共和主义者都倾向于支持那些关于诚实的功能化的设计运动，1920 年到 1930 年是它的高潮。"①社会主义者的理想主义的潜在含义贯穿在《动态视觉》一书中。

莫霍利·纳吉的政治价值观影响了他所在芝加哥学校的哲学和课程。在新包豪斯、芝加哥设计学校及芝加哥设计学院，他和全体教员鼓励学生面向社会需要去创造产品，但他们既没有训练学生以相应的探索方法测定这些需要，也未教导学生如何把新产品的发展联系到生产的现存系统中去。在莫霍利·纳吉看来，设计意味着引领工业，而不是服从它。这是个很难维持的立场，因为莫霍利·纳吉依赖着工业家们去支持他的学校。从请求财政捐助时起，他发展了教学项目（如开办夜晚课程班），意在求助于商业团体，但他却极少把专业从业者们与工业界建立成功的联系。在某种层面上，他回避了现实矛盾，在他事业的后期，又开始转向了寻求自我表现的绘画活动。

莫霍利·纳吉的信念在于他认为设计师们将引导工业，这与他 1923 年至 1928 年在德国包豪斯任教时的运作方向是一致的。学生们在包豪斯工作室学着把字母版式加以发展，并把这些方案提供给制造商。当时，学校成功地完成了项目的形式与材料的统一创新，这胜过产品式样或生产技术。莫霍利·纳吉的设计哲学倾向于对欧洲先锋派的推动力的肯定，认为设计者要控制产品。因此，他没有使学生接近美国职业设计师那种实用主义的管理导向与方法，也并未把它作为一种模式。在对待设计与工业的关系方面，他在美国的行为表现出了一条不同于他在德国包豪斯的路线。莫霍利·纳吉从对外贸易竞争的角度提醒："应该重新评价'人工废弃'（artificial obsolescence）理论——在一种产品还没有在技术上被淘汰之前，通过新的'设计'经常性的置换这种产品——这些年它已经成为设计和生产背后主要的推动力。尽管它作为一种创造繁荣的权宜之计可能曾经是合理的，但这一策略需要被加以重新审度，因为其他一些有志于出口的国家也在进行规模化生产，这种竞争也日趋激烈。"②纽约现代艺术博物馆工业设计部主任诺伊斯（Eliot Noyes，1910—1977）也认为"有计划的废止制度"是社会资源的浪费和对消费者的不负责任，是不道德的行为措施。③一些观察家认为，美国工业设计的新鲜感和淘汰策略只是激起了人们虚假的渴望，而并没有展现出人们真正的需求。④

无论如何，在选定这个立场中，对于美国职业权威的实践，莫霍利·纳吉

---

① Laszlo Moholy-Nagy, *Vision in Motion* (Chicago：Paul Theobald，1947)，p359.

② 许平，周博，《设计真言》，（南京：江苏美术出版社，2010），第 286 页。

③ 王受之，《世界现代设计史》，（北京：中国青年出版社，2002），第 154 页。

④ （美）大卫·瑞兹曼，《现代设计史》，王栩宁，刘世敏，李昶，等译，（北京：中国人民大学出版社，2007），第 270 页。

漠视了两个重要方面。首先，与制造视觉形式的变化一样，他们在许多产品的功能设计上已有了显著地改进；其次，他们也获得了成功，是因为他们认识到以美国工业生产条件作为基础，可以改善他们与客户谈判设计的条件。[①]一些最好的顾问，如提格（Walter Dorwin Teague）、盖迪斯（Norman Bel Geddes）、罗维（Raymond Loewy），也都是熟练的经营管理者，组建了有效的涉及多种学科的设计团队，由工业设计师、建筑师、工程师和艺术家构成，他们可以从事如此广泛多样的项目，就像罗维的措词，"从唇膏到火车头"。因为与多数的欧洲第一代现代设计师的专业背景有所不同，美国第一批工业设计师来自各行各业，不少人缺乏正式的高等专业教育基础，设计观念较为浅薄，只考虑设计的商业效益，不讲究设计的社会功能，更谈不上文化品位和社会责任感。但从设计的实用性来看，他们则比欧洲同行发达而又灵活，他们认为设计不仅要考虑美学上的要求，还要注重促销，因而设计是商业竞争的手段，这种概念被美国工业界广泛地接受。通过他们的努力，设计开始被认为是工商活动的一个重要组成部分，是现代化工业生产的劳动分工中一种专业要素，设计直接与市场联系了起来。这一切是以经济、社会结构和文化背景为条件而产生的。

莫霍利·纳吉对设计师所持的乌托邦观点，促使他去展望职业权威的实践所涉及多学科方向的重要性，以及他们的基本能力与设计风格的地位之间的关系。因为这些专业训练的指导者要保持他们活动的宽广范围与学科间的组合，是与莫霍利·纳吉一贯坚持的在艺术、技术和科学之间的紧密联系的立足点相一致的。由于他既不能像一些顾问那样对美国工业及其市场哲学有足够的通晓和充分的支配力，也不愿意支持他们把对市场因素的重视作为生产的主要方面，他坚决要求在产品概念中，在竞争模式的实践里，设计师要起到更独立的作用。但事与愿违，这种协作方式很少有机会被美国企业家所接受。

成功的设计顾问们对工业机会的直觉反应实力要胜过发展中的设计理论。为此，尽管他们有着使人佩服的业绩，莫霍利·纳吉并不把他们作为榜样与范例推介给他的学生。相反的是，他宣扬的社会前景对美国制造商们来说，是一直不会实现的。他把他的教育哲理建立在对人类的信念的改变上，即通过他们各自的方式实践训练提高知觉力和深化社会意识。莫霍利·纳吉坚持认为设计教育的目的不在于造就设计人员，而是解放他们，帮助即将成为设计人员的学生认识自身，为其提供可以发挥创造力的时空，启发他们发掘自身的聪明才智，并提供机会让他们拓宽在行为、社会和自然科学等多方面的知识面，以加深理解，最终这些知识和方法对他们今后面临的实际问题进行思考及寻求可行的方案是有所裨益的。

3.4.4.2 为生活而设计

莫霍利·纳吉坚持产品形态设计的严格原则，对工业事务敢于批评。与纽约"现代艺术博物馆"馆长考夫曼（Edgar Kaufmann）一样，他坚信一个物品

① effrey L.Meikle，*Twentieth Century Limited*：*Industrial Design in America*.1925—1939（Philadelphia：Temple University Press，1979），p337.

的形态应展示其功能。莫霍利·纳吉指出"设计并不是对产品表面的装饰，而是以某一目的为基础，将社会的、人类的、经济的、技术的、艺术的、心理的多种因素结合起来，使其能纳入工业生产的轨道，对产品的这种构思和计划技术即是设计。"[1]为此，他坚持不懈地反对与抨击流线型——1930 年代对产品式样饰以柔滑光亮形态的术语——"被不加选择地运用到每一种产品"[2]。与莫霍利·纳吉相反，早期的顾问设计师杜恩（Van Doren）认为流线型是"没有哪个设计师敢轻视，也没有哪一本现代设计书刊不开辟专栏进行讨论"[3]。作为训练

图 3-34　芝加哥设计学校家居设计模型，1940 年

方法，杜恩初步强调视觉化技巧。尽管设计学校的学生学习绘图表达手段，产品工作室在工作上对材料工艺的关注胜过表面发展的技巧，但莫霍利·纳吉强调设计是"不仅仅只依赖功能、科学和技术的过程与方法，而要建立在社会含义之上"[4]。这种理念很明显的落实到产品工作室早期项目上，如椅子是由单一的一块层压板材成型（图 3-34），符合莫霍利·纳吉倡导的"由为机器自动化生产所做的一体化项目，大生产将会最终淘汰生产流水线，并为改善当前使工人劳累的工作状态而担当一个协调的措施"[5]。

芝加哥设计学校为学生制作实际材料模型提供了相应的机器设备，学生们设计的家具如桌子、椅子使用了层压弯曲木板材、钢管、有机玻璃，这种对实体材料结合过程的体验之意图，明显优越于只对视觉效果关注的范围。这些学生作业来自于产品工作室，能产生适量的舒适度，部分设计方案在后来成为商品化生产的原型，如某把椅子曾被医生认可为心脏病人的辅助理疗工具，在某种程度上可以缓解人们的压力。[6]

莫霍利·纳吉发表在商业杂志《室内装潢》（Upholstering）上的论文谈到家具发展的新趋势，宣称新材料将引领家具行业更经济地生产与销售，这样的产品工业能释放它的"教育潜能"和"提升国家文化水平"[7]。他的文章传达出他对技术的热心以及他对由此引起的室内装饰工业变革前景的展望。

① Laszlo Moholy-Nagy, "Design Potentialities", *Plastics Progress*（April 1944）：p4-6.
② Laszlo Moholy-Nagy, *Vision in Motion*, p54.Laszlo Moholy-Nagy, "Design Potentialities", *Plastics Progress*（April 1944）：p4-6.
③ Harold Van Doren, *Industrial Design：A Practical Guide*（New York：McGraw- Hill，1940），p137.
④ Laszlo Moholy-Nagy, "New Trends in Design", *Task 1*（Summer 1941）：p27.
⑤ Laszlo Moholy-Nagy, "Design Potentialities", *Plastics Progress*（April 1944）：p4-6.
⑥ Victor Margolin：*The Struggle for Utopia*.Chicago：The University of Chicago Press.1997.p236.
⑦ Laszlo Moholy-Nagy, "New Trends in Furniture", *Upholstering*（March 1943）：p4.

图 3-35 莫霍利·纳吉为
派克公司设计的钢笔"51"
型，作为经典，至今仍在
生产。1943 年（左）
图 3-36 芝加哥设计学院
产品设计工作室所做家具
设计模型，1943 年（右）

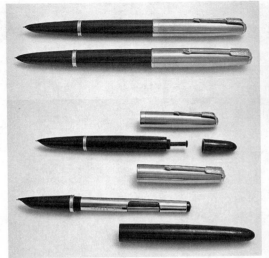 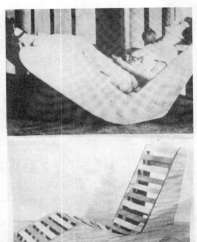

产品设计工作室积极探索新材料的运用，在初步课程中，有的学生做出了
电话机塑料模型和木质弹簧的设计，以代替金属材料在第二次世界大战期间的
短缺。其他还有塑料头盔等。莫霍利·纳吉有时还成功地承担设计顾问工作（派
克钢笔公司）（图 3-35）。派克公司（Parker Pen Company）总裁肯·派克（Ken
Parker）在莫霍利·纳吉的讣闻中陈述莫霍利·纳吉"对表面造型的线条、曲面、
形态、装饰、收尾等方面有着正确的自然感觉，巧妙运用细节处理，弥补了我
们产品的部分缺陷。他总是为未来考虑长远"[1]。《时代》（Time）周刊这样描述："莫
霍利·纳吉与学生们已经设计了太阳光动力汽车、充有彩色气体的透明分隔墙、
木质弹簧床、在桌上烹饪午餐的红外线烤箱、不用电机的机械式洗碗机、一个'优
雅闲适'的躺椅可以把双脚翘过头顶上方（即在不用失礼的状态下把你的脚放
在书桌上，如图 3-36）。"[2]这个陈述体现了芝加哥设计学院在美国战后时期的新
工作框架，莫霍利·纳吉可以轻易地萌发出大量新产品的概念设计，但这与实
际发展这些概念，并生产出经济的、技术的工作原型则相距较远。莫霍利·纳
吉的设计方法学在很大程度上以直觉力为基础和创意之源，但缺乏实用主义的
应用价值，与市场的联系较少，与工业和社会的现实之间差距较大，他的直觉
则轻易地引向一种推测计划。

3.4.4.3 教育过程大于结果

1939 年 1 月，莫霍利·纳吉在芝加哥设计学校开学典礼的演讲中，强调
了教育过程大于结果的重要性："这不是一个学校，而是一个实验室，即不是
事件本身，而是过程引导走向事实才是重要的……你和所有的人一样，是我们
教育路线的度量器——而不是作为家具设计师、绘图员、摄影家或教师。"[3]他

---

[1] Ken Parker, "Obituary Note", *Parkergrams* (December 1946), in *Moholy-Nagy*, ed.Richard Kostelanetz (New York：Praeger, 1970), p93.

[2] "Message in a Bottle", *Time* 47, NO.7 (February 18, 1946)：p63.

[3] Sibyl Moholy-Nagy, *Moholy-Nagy：Experiment in Totality*, New York：Harper and Row, 1950.p170.

还论述了设计学校的教育项目不一定引导设计师的职业，而是将提供给学生能力去发展他或她自身，产生与社会的联系。[①]

起初，莫霍利·纳吉把促进对工业的服务的信心与他自身的"为生活而设计"的视野合并起来，以此为基础，认为大学培养毕业生要超越专才的局限，设计学校作为一个团体，应该成就"人的新类型"的需求。他在学校的教学项目上对设计的定义很宽泛："一个设计师的训练重在提高洞察力和见识以及去思考发现问题解决的方法，不单是为了呈现日常惯例的问题或只发展生产的更好方式，而且还要为了生活与工作所有的共同问题。"[②]

莫霍利·纳吉的远见卓识常与赞助商所定位的芝加哥设计学校及芝加哥设计学院的职业培训方向发生冲突，尽管他们彼此面对的服务对象是不同的。当莫霍利·纳吉时常被邀请参加设计会议，或谈论教育，或在他的论著中表述他的教学方法时，他就陈述其理性主义观念的课程计划。当说服商家或是参与学校有关的公共事务时，他则是侧重于实践活动方面。事实上，芝加哥设计学校和芝加哥设计学院有几个不同的特色，它们的成就被不同的团体所度量。艺术教育改革者把芝加哥设计学校视为在艺术教育如何切入日常生活需求方面的典范。1942年出版的《新艺术教育》（*The New Art Education*）一书在艺术教学改革趋向上有重要的审视，书中用了全部章节专门讨论莫霍利·纳吉所领导的设计学校，该校的艺术训练被描述成大胆的体验过程，特别称赞了材料操作这个创新课程。[③]当时，作为学校赞助方的公司决策者们则被学校的理想化所激怒，因为莫霍利·纳吉更多的志向在于用艺术造福人类发展，而非造就职业设计师。

由于莫霍利·纳吉自身广泛综合的才能和意念，芝加哥设计学院才能够持续双重特征——进步的艺术教育和设计培训中心。莫霍利·纳吉的设计概念几乎囊括了所有事情，他以非常敏锐的触角，感觉到他的学校将会变成孕育创新见解的土壤。1941年美国加入第二次世界大战，莫霍利·纳吉被选派到市长办公室中的委员会，负责管理芝加哥地区的伪装掩护工程，这也引出了"军事伪装"课程在芝加哥设计学院的开设，由乔治·开普斯（Gyorgy Kepes）任教。莫霍利·纳吉还关注残疾人问题，他在美国精神病学协会作了重要讲演，阐述了恢复的哲理，声明了芝加哥设计学院可以提供职业的调理课程，以帮助残疾人取得较多可能的生产力。[④]由于他的这次演讲和他出版的《技术评论》中的一篇文章，设计学院在1943年期间为康复问题提供了几个创新课程，其中在基础课部分，用绘图练习帮助残疾学生增强自身感觉。

在1944年早期对学校重组之后，莫霍利·纳吉在几个不同场合均提及芝加哥设计学院发展中对探索的强化。但他既无资金又无人员落实此事。1945

① "School of Design in Chicago"，1940.Institute of Design Collection，University of Illinois at Chicago.

② "School of Design in Chicago"，1940.Institute of Design Collection，University of Illinois at Chicago.

③ Victor Margolin：*The Struggle for Utopia*.Chicago：The University of Chicago Press.1997.p246

④ Laszlo Moholy-Nagy，"New Approach to Occupational Therapy"，May 17，1943.Institute of Design Collection，University of Illinois at Chicago.

年 10 月他起草了一份建议，提出成立一个"研究基金会"的组织。他陈述了设计学院最急需"装备物理和化学实验室，用以探索塑料和其他新材料在和平时期的应用，以及有远见的科学家出身的首领，使不同设计部门和工作室互相合作"①。

莫霍利·纳吉要在芝加哥设计学院创建一个具有坚实的研究能力的机构，是有几个意图的。首先，在实验的趋势上提出几个理由，以作为产品设计工作室工作的动机；第二，这种研究机构对莫霍利·纳吉关注发展新产品、满足社会需求提供了支持；第三，它可以使他在工业上树立先锋派角色，以使他能向制造商推荐新产品设计，而不仅仅是停留在改进型设计或只是现存产品的式样翻新。尽管有关于如何使先进技术研究所与设计工作室相协作的远见，然而，莫霍利·纳吉的抱负对于私有基金会的设计学校是极不现实的，他的计划远远超越了校方支持者的权限。

3.4.4.4　教育引导工业

莫霍利·纳吉在 1946 年 11 月初到纽约出席"工业设计作为新职业"主题的会议，当时，他的病情已很严重。大会是由 MOMA（纽约现代艺术博物馆）召集，美国工业设计师协会联办。他的妻子西贝尔（Sibyl Moholy-Nagy）试图劝说他留在家里，但他坚持要去，因为"它将给我机会陈述艺术教育问题，无论如何我要澄清一种关系，要引导工业追随想象力，而非想象力跟随工业"②。

当时，关于工业设计是什么或未来设计师将如何培养的问题，在美国还没有共同一致的看法。一些美国设计师组织，如工业设计师协会和美国设计研究所曾持有一些看法，但因未确定目标和标准，所以无法与诸如律师、医生和建筑师这些公认的职业群体相比。MOMA 会议的目的之一是把关于专业职业特征的讨论深化，但由于关于谁是设计师、设计师在工业中的角色、什么形式的设计教育在美国开展等问题产生了尖锐的不同意见，寻求参会者的共同基础的希望破灭了，会议上暴露出了很大的分歧。与会者除了莫霍利·纳吉之外，还有职业设计师罗维（Raymond Loewy）、提格（Walter Dorwin Teague）、MOMA 馆长考夫曼（Edgar Kaufmann）、哈佛大学研究生院系主任亨特（Joseph Hudnut）。罗维和提格向与会者们清楚地说明了他们工作方法的缘由，即是以专心致力于制造商们促销产品的需求为特色。无论如何，莫霍利·纳吉与考夫曼则坚持认为设计是独立于工业的，是有道德基础的。③莫霍利·纳吉强烈反对使设计服从于市场营销。在会议期间，与考夫曼一样，莫霍利·纳吉也批评"表面设计"是与产品的真实价值相分裂的。无论是莫霍利·纳吉还是考夫曼都不承认设计本质与市场促销的关系。莫霍利·纳吉赞同并深信工业服从于艺术家

① Laszlo Moholy-Nagy，"Draft of a letter to the Research Foundation"，October 5，1945.Institute of Design Collection，University of Illinois at Chicago.

② Sibyl Moholy-Nagy，*Moholy-Nagy：Experiment in Tota lity*，New York：Harper and Row，1950.p241.

③ Edgar Kaufmann，jr，"What is Modern Industrial Design？"*Bulletin of the Museum of Modern Art* 14，no.1（Fall 1946）：p3.

的想象力,他对工业设计的教育目标做了定义:"如果让我对其目标作解释,我认为他要有能力察觉人们的理解力,做出的意念有概念化的思考方法,去感知,去用不同的媒体表达他的意念。若不在这些方面的教育上尝试带来最独特性,我们将行之不远。"[①]

当莫霍利·纳吉颇有远见地深信工业设计师需要宽泛的教育而不仅是狭窄的专门技巧时,却对设计师与工业的关系没有充分地认识,即使在原本上对工业的适度理解的确能变成一名设计类学生在专业知识方面的储备。在这次会议最后一次谈话中,莫霍利·纳吉对有待评论的事务进行了论证:

"我认为设计活动不是一种职业,而是一种态度,这种态度每个人都将会有,即设计策划者的态度——无论它是家庭关系的事务,还是劳工关系,或是实用为特征的物品的生产,或是自由艺术的工作,或是任何可能的事物,这是计划、组织、设计艺术。"[②]

莫霍利·纳吉意欲将他的评论影响关于设计的讨论,但由于他是在会议的最后半天作了发言,以致在会议现场没有机会得到回应,最终,会议未达成任何决议而结束。

莫霍利·纳吉关于教育实践应引领人类整体的承诺是值得赞许的,在当时众多的设计指导者中间是无与伦比的。他以独特的理解力帮助人们认知需求,并为他们想出解决问题的方法。对他来说,设计师的角色是要去教育和引导工业,而不是追随。不幸的是,此次会议结束不久,在从纽约返回芝加哥的几周后,于1946年11月24日莫霍利·纳吉因白血病去世。

莫霍利·纳吉临终前曾竭力推荐布鲁尔继任芝加哥设计学院领导,不过,这一遗愿未能得以落实,直接原因是由于布鲁尔当时正在哈佛大学设计研究院任职,因而无暇顾及此事。1949年,继任者泽格·切尔马耶夫(Serge Chermayeff)按照莫霍利·纳吉生前的愿望将芝加哥设计学院并入伊利诺伊理工学院(IIT),并升级为本科学院。该院对专业设置进行了整合,划分为视觉设计、产品设计、建筑和摄影,这种划分后来被世界上多数设计院系所沿用至今。

3.4.4.5 社会责任感的培养

教育家莫霍利·纳吉的观点作为遗嘱获得了广泛好评,这与芝加哥设计学校及设计学院的各个方面是相符合的。莫霍利·纳吉的欧洲朋友(如格罗皮乌斯、赫伯特·里德),与他分享了先锋派的目标和意念。他所理解的设计师的概念应类似于一个幻想家。莫霍利·纳吉对社会的强烈关怀是深入人心的。赫伯特·里德认为莫霍利·纳吉的思想和原则"经受了25年以上经验的检验,所有这些

---

① "Conference on industrial Design:A New Profession"(1946),transcript,Museum of Modern Art Library,p217.

② "Conference on industrial Design:A New Profession"(1946),transcript,Museum of Modern Art Library,p229.

在现代设计中是最成功的。作为一个画家、平面设计师、摄影家、舞台设计师、建筑师，莫霍利·纳吉是我们时代最具创意的人物之一。我敢说芝加哥设计学院是在当今世界上同类教育中最好的学校"①。

莫霍利·纳吉对美国资本主义的不信任，可以在相当大的程度上检视他的先锋主义感性的陈述，这种怀疑同样被其他一些移民美国的欧洲知识分子所持有，如法兰克福学派的特奥多尔·阿多诺（Theodore Adorno）在1944年的一篇论文中写道："超级机器一旦走向最低级别的无用武之地，就变成了最糟糕的发明。无论如何，从此他们的发展基本上被自由主义竞争的市场所困扰，像是一边筹划商品销售的同时，又一边被其重量所压倒。"②在他们反对追随市场的同时，莫霍利·纳吉和阿多诺都对把美国大众文化作为真实的人类自身实现的代替物而深感忧虑。在《动态视觉》一书中记录了人们的生理功能"窒息于一个便利生活中充斥着充足的用品和使人愉快的事物环境中，它有着光亮浮华的表面，而他们的价值观中有太多的预算"。他声称："录于唱片上的音乐、照片以及电影和收音机已经封杀了民间歌谣、家庭四重唱、合唱团、街头演出，缺少其他建设性的方向和创造活动的引导。"他还继续指出，商业为了自身的利益而趋向于热捧奇异的事物，创设出"看似有机系统的需求，而实则原本不必要存在的幻象"。莫霍利·纳吉对此的矫正方法就是尽职尽责地训练未来的设计师，让他们掌握"形式追随功能"的重要性和基本关系。莫霍利·纳吉指出："新一代生产者、消费者和设计者的再教育，应该回到基本的原则上，建立源于社会生物学的新知识的设计。经过如此教育的新一代，在面对新奇时尚诱惑之时将会免受其害。"③莫霍利·纳吉领导的"芝加哥设计学院试图通过回到基本的原则，并在此之上建立起一种新的与社会和技术衔接的设计知识以教育学生。受过这样一种训练的新一代的设计师将会义无反顾地反对一时流行的诱惑，反对那些不顾经济和社会责任的贪图安逸的生活方式。"④

在教育观点与美国文化普遍的价值观相对立的情况下，莫霍利·纳吉的观点也使其在期望获得商业董事会支持方面遭到困难。莫霍利·纳吉试图引导他的学生"为生活而设计"的愿望有着多重含义。一方面，它增强了关于教育与工业是两个分离的领域的信条，并且设计学校的功能是保持独立的设计价值观，而不是纯粹为了商业；另一方面，归根结底，莫霍利·纳吉志在研究，志在对设计师的社会责任感的培养，还有对新技术与材料的实验，用于最普遍范围的设计，及时讲授新的应用内容，为变革而开放新的指导。⑤针对以销售为目的导向的服务设计，莫霍利·纳吉尝试以新的实践为基础对其

① Herbert Read to David Stevens, October 18, 1946, Institute of Design, March 17, 1947. Institute of Design Collection, University of Illinois at Chicago.
② Theodor Adorno, "Gala dinner," in *Minima Moralia*, trans. (London：Verso, 1974 [c.1951]), p118.
③ Laszlo Moholy-Nagy, *Vision in Motion* (Chicago：Paul Theobald, 1947), p359.
④ 许平，周博，《设计真言》，（南京：江苏美术出版社，2010），第285页。
⑤ Laraine Wright, "Rebel with a cause," *Alumnus：Southern Illinois University at Carbondale* (Fall 1989)：p2-13.

重新思考（图 3-37）。

图 3-37 莫霍利·纳吉在办公室，1946 年

莫霍利·纳吉并未详细而明确地说明他的社会愿景以代替他生活的现实状态，但他试图演示出其可行性，揭示其价值，并把经验提供给他的学生们。当他在众多场合声明时，变革的强烈意图通过他那清晰而独特的风格流露出来，胜过政治说教。莫霍利·纳吉的乌托邦幻想虽然从未充分发展，却仍指引着他的直觉而促进了他对围绕身边的这个世界的判断。莫霍利·纳吉对设计教育的极大贡献，在于尝试创造一个社会空间，以便使设计活动独立于市场因素。为此，他试图定义设计是一门人文学科而非一种职业技巧。最终，相对于工业秩序的外部结构，他以巨大的内部推动力影响了学生，改变了他们的生活。虽然没有足够的力量改变社会形势，但莫霍利·纳吉能够改变自我感觉，也改变了艺术设计的形式。在我们为其未实现理想而惋惜的同时，我们更需要发掘他的成就对社会的价值及意义。

3.4.4.6 "全人"的培养

即使在许多实际事务上，莫霍利·纳吉仍然坚守着乌托邦信念。他始终关切着"全面的人"（the whole man）和"全面的环境"（the whole environment）的塑造。[1]从魏玛包豪斯开始，他在教学中一贯坚持包豪斯教育理念，致力于为工业化时代培养新型的"艺术家工程师"，为学生未来成为一个设计师而提供一个所有领域的综合知识。同时，莫霍利·纳吉认为"与获取任何实用知识一样，艺术的工作意味着形成一个新的展望。目的不在于创造一幅绘画或是一尊雕塑，而是建立最适宜工业的形式。"[2] 1938 年初，芝加哥"新包豪斯"开学不久，莫霍利·纳吉在杂志《聚焦》（Focus）上发表了报告《教育与包豪斯》一文，论文谈到应该培养全面发展的人格，而不只是训练目光狭隘的技术人员，在一章题为"未来需要全面的人"中，他论述道：

"在当今所有的生产活动都建立在合乎科学的基础之上的时候，我们的专业训练依然没有落伍。一个专门知识的教育转变为内涵丰满的状态，只有当一个融合全面知识的学生一直沿着他的生物功能发展下去，如此他才能够在他的理智与情感力量上获得自然平衡，而非顺从那些学习无关紧要的细枝末节的过时的教育计划。因为越是具体的知识，迁移的面就越窄，所以知识的灌输在教

---

① Krisztina Passuth, *Moholy-Nagy*（Thames and Hudson，1985），p71.

② Krisztina Passuth, *Moholy-Nagy*（Thames and Hudson，1985），p72.

图3-38　莫霍利·纳吉在
创作中，1946年

育上是次要的，重要的是能力的发展。只有当一个人拥有了清晰的感觉和清醒的知识，他才将能协调复杂的需求关系，并能成为整个生活的主人公。"[1]

文艺复兴时期的艺术曾经强烈地吸引着青年时期的莫霍利·纳吉[2]，文艺复兴大师们的多才多艺与鲜明的才智等特征则是更多地激励着莫霍利·纳吉。他在绘画、平面设计、产品设计、摄影、写作和教学等方面所获得的成就，使他在艺术领域总是处于一个新的角色。他自评道："我喜欢广泛涉猎，这也是为什么我能成为今天的我的原因。我曾是受过教育的律师，但是因为我敢于涉足塑料、木材和金属等材料领域，所以我获得了广泛的经验……今天，我成了一个25%的学者、75%的艺术家和一个难以归类的人。"[3]莫霍利·纳吉所意愿达到的境界，用他的话讲就是一个"完全的"（total）人。而在现代社会中，学科的细分化和技术的专精化趋向，使得全才型人物少之又少。在国内外，理论家常见，教育家常见，视觉艺术家常见，但像莫霍利·纳吉集理论家、教育家和视觉艺术家于一身者，却不常见（图3-38）。

虽然莫霍利·纳吉明确指出设计教育应该培养"全人"，但他并没有给"全人"一个明确清晰的界定，而是在论述其教育理念时零散地描述出"全人"的一些特征：

第一，早在德绍包豪斯基础课程和金属工艺作坊的特殊训练时，莫霍利·纳吉就开始将培育目标提升为"全面的人"的培养。莫霍利·纳吉认为需要对所谓的"天才"的概念建立一个宽泛的意义，在任何个性的基础上发展他或她的创造力。这个立场是他在包豪斯的教学法上加以确立的。在莫霍利·纳吉负责基础课期间，包豪斯的第一学年是"指导学生朝着触觉、视觉和思考的方向发展，特别是对年轻人，因为通常教育中由僵化的书本知识带给了他们一些负面的影响"[4]。

第二，在芝加哥"新包豪斯"的教学内容定位上，莫霍利·纳吉开展了"艺术与科学和技术的整合"，他制定的广泛的课程大纲还包括科学、人类学和社会科学，以作为工作室实践的补充，旨在培养学生文理俱全的素质。

① Krisztina Passuth, *Moholy-Nagy*（Thames and Hudson，1985），p344.

② Krisztina Passuth, *Moholy-Nagy*（Thames and Hudson，1985），p74.

③ Sibyl Moholy-Nagy, *Moholy-Nagy：Experiment in Tota lity*，New York：Harper and Row，1950.p241.
参见（美）路易斯·卡普兰，陆汉臻译，《拉兹洛·莫霍利·纳吉》，（杭州：浙江摄影出版社，2010），第106页。

④ Moholy-Nagy, *The New Vision：From Material to Architecture*，New York，Wittenborn，Schultz，Inc，1947，p.172.

第三，受美国大学通识教育的影响，莫霍利·纳吉在教学安排上设置了一些非专业课程，包括人文、社会、自然三大知识领域，以作为所有专业方向的共同基础课，目标在于培养学生具备多方面的能力。

第四，针对美国商业主义设计和高校中偏重专业与职业训练的普遍现象，莫霍利·纳吉认为大学培养毕业生要超越专才的局限。芝加哥设计学校作为一个团体，应该成就"人的新类型"①的需求。莫霍利·纳吉在《艺术与建筑》杂志上的一篇题为"工业艺术"的论文中指出：

"我们的目的并不是把艺术家变成设计师，也不是把设计师变成艺术家；而是通过在他个人的生理能力、社会的需要和工业环境之间制造一种节奏，从而开发学生们所有的潜能。我们并不相信那种想在工业上嫁接一个重新创造出来的手工艺人、艺术家或工匠的想法，我们要培养的是一个全面发展的个体，他能够承担起作为一个艺术与工业的合成者的角色。"②

其五，莫霍利·纳吉在他的多篇论文中多次提到"生物学"的需求，其实在于唤回人的天性。例如，面对物欲横流的美国社会，莫霍利·纳吉指出："新一代生产者、消费者和设计者的再教育，应该回到基本的原则上，应建立源于社会生物学的新知识的设计。"③谈到设计师的整体素质，莫霍利·纳吉认为：

"艺术、科学和技术只是现代工业设计师周围环境的一部分，还有一些社会学的、生物学的和生理学等方面的要素和它们都是同等重要的。因此，不是设计师——专家，而是完整的人及其所有的潜能和活力，才是迫切需要的。因而，尽管技术上的训练永远都不能丢掉，但是，对现代设计师而言，只有当他能够作为一个健康的个体在团队里发挥作用而不是作为一个"自由"的艺术家时才是最为成功的。智力的综合使他远胜于一个自由的艺术家……"④

虽然莫霍利·纳吉所指的"全人"与我国当代所倡导的"德、智、体、美全面发展"的人有所不同，但"全人"意味着人的所有方面的和谐发展，这在美国当时专业教育日益膨胀、许多高校以培养"专才"为目标的背景下，无疑是对专才教育的一种纠正，是一种具有积极意义的理念。在如何培养"全人"方面，莫霍利·纳吉倡导教学与科研相结合、专业训练与整体知识相结合、教学自由与学习自由相统一，着重培养学生的心智和创造能力，这些方法在今天看来也是值得借鉴的。也许，培养"全人"对于目前的高等教育是难以完全实现的理想目标，但我们不能放松对这个理想的追求。我们不能只满足于现实的

---

① Victor Margolin：*The Struggle for Utopia*.Chicago：The University of Chicago Press.1997.P246.

② 许平，周博，《设计真言》，（南京：江苏美术出版社，2010），第 285 页。

③ Laszlo Moholy-Nagy，*Vision in Motion*（Chicago：Paul Theobald，1947），p359.

④ 许平，周博，《设计真言》，（南京：江苏美术出版社，2010），第 286 页。

存在，而应该追求一种较高的目标。有理想，才有动力，才有进步。[①]教育是一项追求人类理想的事业，若没有教育的理想，则不会有理想的教育。

莫霍利·纳吉的思想深处有着浓厚的欧洲人文主义情怀，在他身上兼有知识分子的理想主义和乌托邦精神、社会主义政治目标、设计的实用主义方向与严谨的工作方法特征，他始终坚持以社会责任作为设计教育的根本出发点，这便与美国商业主义设计发生了强烈抵触。在美国，现代市场经济的特点在于它是资产阶级的经济体系，生产的目的不是大众化的而是个人化的，获得商品的动机不是需求而是欲求，推动社会经济系统向前迈进的力量是一种基于个人欲望和无穷无尽的享受之上的追求奢侈的观念。[②]为了满足这种欲求，工业设计被视为一种商业战略，通过与"有计划的废止制度"等消费策略的结合，激发了消费者对于品种繁多的产品的兴趣。但这种商业性的趋势与现代主义所遵循的普遍性和客观性思想背道而驰，原本富于理想主义色彩的现代主义设计在美国被演化为实用主义的设计思想，"脱离了包豪斯的美国现代设计并没有这样的学术渊源"，"早期的美国设计依据简单的商业逻辑建立起来的价值观与方法仍然表现出种种瑕疵，并且日益造成现代设计发展的弊端，尤其是因为缺乏深厚文化修养支撑的单边式的文化取向受到当代学术界、思想界的质疑。"[③]由此看来，大西洋两岸的各种设计活动以及两种不同的政治观点，在 20 世纪上半期促成了不同的文化价值观的生成，莫霍利·纳吉作为"新包豪斯"、芝加哥设计学校、芝加哥设计学院的领导人，一边开展教学创新，同时还要争取一些商家对他的教育项目的支持。从这些复杂的关系中，可以看出莫霍利·纳吉在试图把他早期先锋派岁月的社会理想和包豪斯观念推行到美国芝加哥的社团联合的资本主义竞争机制中。此时，他面临着"为商业而设计"与"为生活而设计"的矛盾。最终，他还是强调了设计的社会责任感和"全人"的培养。

从现代设计的发展过程来看，如果说现代主义设计是对现代艺术各个流派的集成、包豪斯是对现代主义思潮的集成，那么，莫霍利·纳吉就是对包豪斯思想的集成者。包豪斯的历史意义及重要性并不是取决于它在工业设计上取得的有限成就以及造型语言的建立，而是其核心价值更多地在于它对设计师培育所开展的教育理念。莫霍利·纳吉的职业生涯是这一贡献的最好例证，他之所以被人们缅怀，也并不是由于某一艺术作品或某项产品设计，而是因为他的理想和他所体现出的多才多艺的"艺术家——工程师"[④]形象，即平衡个体与普遍性、过程与产品之间的关系。与理性本身不同，莫霍利·纳吉开展的设计教育目标是"为人类发展而教育"[⑤]，是一项持续发展的规划、是一个成长的过程、是一

① 刘宝存，《大学理念的传统与变革》，（北京：教育科学出版社，2004），第 252 页。
② （美）丹尼尔·贝尔，《资本主义文化矛盾》，赵一凡，等译，（北京：三联书店，1989），第 280 页。
③ 许平，中国设计问题的基本线索——重读《陈之佛文集》，载《设计史研究》，（上海：上海书画出版社，2007），第 155 页。
④ （美）大卫·瑞兹曼，《现代设计史》，王栩宁，刘世敏，李昶，等译，（北京：中国人民大学出版社，2007），第 211 页。
⑤ Victor Margolin：*The Struggle for Utopia*. Chicago：The University of Chicago Press.1997.p246.

种对于社会未来问题的预见。因此，莫霍利·纳吉的成就所蕴涵的意义并不只是体现在他的学术著作及设计作品上，而最终体现在他自身作为范例的力量中。莫霍利·纳吉所提供的示范要求设计师尽其一生的力量，将设计的文化应用到与人类关联的每一个环节中去。

尽管时过境迁，当事人莫霍利·纳吉所处的时代是物质化的工业社会，但包豪斯和莫霍利·纳吉在当时所面临的种种问题和挑战，包括尚未实现的目标与理想，在当今信息社会依然不同程度地存在着。

第4章 乌尔姆设计教育思想

乌尔姆设计学院是德国在战后重建时期创立的一所具有国际范围影响的设计教学和研究机构。作为德国现代设计教育的革新者，该学院秉持实验性的探索精神，将设计与科学紧密结合，以寻求解决设计问题的可行方式与措施，在近15年间迅速发展成为继包豪斯之后德国现代设计教育的又一面旗帜，从而形成了新颖的教育模式和先进的设计理论。

在设计思想上，乌尔姆倡导的功能主义比包豪斯更具理性和社会性原则的倾向，反对单纯为美的造型而去设计物品。在教学上，确立以理性和社会性优先的原则是通过相关的课程得到实现的，其课程的一半是科学知识与方法，也包括人文学科的内容，是为了发展出综合性的社会和文化意识。乌尔姆学院将产品设计完全建立于科学技术之上，形成了设计的系统化、多学科和交叉化的发展，其教育理念至今仍是德国设计理论教学和设计哲学的核心组成部分，引导了20世纪后期工业设计的发展。乌尔姆与布劳恩公司的成功合作，产生了德国高度理性化、功能化、高质量设计的典范，从而为德国工业产品在国际市场上赢得了良好声誉，使德国产品成为优秀产品的同义词。

4.1 第二次世界大战后德国社会对于教育中设计问题的关注

1945年夏，德国宣布无条件投降，第二次世界大战结束。德国面临重建的艰难任务，关于工业的振兴和设计的发展，都有一段漫长的道路要走。德国设计界也面临着许多复杂的任务，设计如何能够迅速地为国民经济服务，以促进德国产品的质量，提供国内市场的需求，并且出口海外；设计怎样能够与生产相结合，从而振兴德国的制造业；设计如何能够使德国产品形成自己的面貌，而不是仿效国际流行风格等问题迫在眉睫，然而已有大量优秀的德国设计人员在第二次世界大战期间流亡美国和其他国家，致使德国设计力量的大大削弱。因此，德国设计界急需从薄弱的阵营中壮大起来，当务之急就是促成设计职业化，使设计成为一个独立的职业，而不是依附于工程和建筑装饰。随着西德（联邦德国）经济在20世纪50年代中后期的高速发展，企业对设计有越来越高的要求，而企业内部结构日益完善，分工趋于精细，工业设计逐步成为一个独立的、高度专业化的行业。因此，第二次世界大战后的西德延续了战前的传统，继续以产品出口作为经济发展的主导。到 20 世纪 50 年代末期，"出口带来繁荣"的年代开始了，从此德国开始大量出口商品。随着德国经济的复兴以及出口工业产品的增加，工业界重新感到对艺术设计师的迫切需要。20 世纪 50 年代初，许多大型企业设立了产品设计部。西德政府曾于 1951 年成立了国家设计委员会（Rat für Formgebung），从政治、社会、文化和经济方面进行长远设计规划，并通过国家政府来促进工业设计，它对西德后来的经济高速发展起到了推动作用。1952 年，西德成立了新技术外形研究所（Institut fuer neue technische Form）。与此同时，许多高校也办起了工业设计专业。德国经济和科技的迅猛发展，对于受过中等教育的熟练工人和具有高等教育水平的技术、管理人员的需求量越来越大，早期的洪堡式教育已经适应不了这种要求了。一是它过分强调学术自由，很多大学的授课内容取决于教授的个人偏好，哲学、医学、法学等传统专业比重还是很大，而现代自然科学、经济学、社会学等专业则比较缺乏；二是局限于精英培养，不能满足战后社会的大量需求。所以从 20 世纪 50 年代中期开始，德国对教育进行了一系列轰轰烈烈的改革。为排除发展德国民族工业的最大的障碍，从根本上改变德国民族工业被迫依赖英国、法国等国技术工人的状况，德国的实业家们决心在过去主要由教会举办的星期日和节假日补习学校以及以师傅带徒弟的作坊式初级职业技能教育的基础上，下大力气发展工业教育和职业技术教育，大批培养自己的技术工人。这对后来形成德国独具特色的以民营企业办学为主的"双元制"职业技术教育模式产生了巨大的影响。[1]

第二次世界大战不仅摧毁了纳粹统治的社会基础，而且把德意志民族从反文化的意识中解放出来。在重建的形势下，尽快恢复德国社会秩序必然要对教育进行重大彻底的结构改革，其实这与德国希望重新恢复昔日强国地位的意识不谋而合。在教育复辟抑或重建的争论中，美国的再教育政策旨在培养民众的民主观念，当然有时是在强制的与非民主的条件下进行的。德国自身对于教育改革必要性的认识在各个党派几乎达成了共识，这也为教育政策开展的统一性奠定了基础。致力于教育改革的有识之士看到除了民主化教育在民众的精神上必须予以保障之外，有品位的、为大众日常生活的产品设计更是民主化社会的表征。显然，当时的重建环境正是希望产品的使用特征和使用方式影响着民主生活的物质基础。这种道德上的诉求被转而致力于德国工业化社会的恢复与产品文化的发展。同时，对设计话语的重新认识，也带来了设计政策制定机构与设计教育机构的繁荣。[2]

德意志制造联盟[3]在西德重新开始的时候，承担着一个设计政策"替身"

---

① 徐昊，《乌尔姆设计教育思想研究》，中央美术学院博士学位论文，2010。

② 徐昊，《乌尔姆设计教育思想研究》，中央美术学院博士学位论文，2010。

③ 德意志制造联盟成立于 1907 年，在 1934 年被迫解散，战后又恢复。关于德意志制造联盟二战前的历史可参见 Campbell，Joan，*Der Deutsche Werkbund* 1907-1934，München1989

的任务，后来则开始扮演文化批评"代言人"的角色。国家对设计的干预在魏玛共和国时期行不通，而现在随着经济的发展则变得不可或缺。接下来西德进入了设计组织化和制度化的阶段。1951 年通过联邦议院决议，德国设计委员会成立了，它的任务是把德国经济对设计的支持作为经济和文化的要素来执行。[1]这个"造型设计促进基金会"隶属于经济部，它的作用是对西德投资和消费品工业竞争力的保护。在联邦议院决定后，联邦政府也寻求"促进德国工业与手工业竞争力的兴趣和消费者所有渴望的兴趣，彰显出合适的，确保德国产品最好可能的形式。"[2]德国设计委员会在 1954 年第 10 届和 1957 年第 11 届米兰三年展上对德国的设计进行了官方展出。1951 年德国工业协会（Bundesverband der Deutschen Industrie）在科隆创办。[3]德国工业协会在 1952 年尝试以备忘录的方式来扮演国家文化部的角色，如对重要的德国工业设计后备力量的教育，希望保持和提升产品在世界市场上的竞争力。在德国工业协会的鼓励下，从 1953 年起在汉诺威博览会上举办了"优良工业造型"特别展。1952 年在达姆施塔特市成立了"新技术外形研究所"[4]，同年德意志制造联盟的《Werk und Zeit》月刊面世。1953 年德意志高端工艺协会的发展中心（Bund Deutscher Wertarbeit e.V.）也设立了。1954 年"工业造型协会"（Industrieform e.V.）在埃森组建。1957 年工业设计协会国际委员会（International Council of Societies of Industrial Design）成立后，1959 年产生的德国工业设计师协会（Verband Deutscher Industrie Designer）[5]也加入到这一行列中来，它对推进工业生产接受工业设计起了重要作用。[6]德国工业设计师协会由一些年轻的设计师形成了这个职业联盟，要求新章程对工作领域进行定义。当时，不仅有德意志制造联盟，而且德国设计委员会都是"优良形式"（good form）的代表，老一代工业艺术家型的设计师牢牢地掌控着设计话语权，他们并不顺应生产技术的结构变迁，在新的教育的指导路线上显得犹豫不决。德国设计委员会 1958 年要求在"经济重点"联邦州的技术高校成立"技术造型设计的教学岗位"，1958 年开始出版工业设计杂志《Form》，1959 年 12 月在德国工业设计师协会工作会议的框架中第一次对职业特色进行了阐述。托马斯·马尔多纳多（Tomás

① 参见德国设计委员会网站 http://www.german-design-council.de/rat-fuer-formgebung/geschichte.html（2010 年 3 月 15 日登陆）
② Meurer, B./ Vinçon, H., Industrielle Ästhetik.Zur Geschichte und Theorie der Gestaltung, Gie en 1983, 引自 Selle, Gert, Geschichte des Designs in Deutschland, p223.
③ 德国工业协会（BDI）是一个代表了 35 个行业近 10 万个企业的德国工业协会组织组成的机构。它是德国工业界最高协会。包括了从汽车到制糖业的几乎所有行业。它在政府、议院、政党、其他的重要的社会团体以及欧盟面前代表了德国工业界的经济和政治利益。它与德国雇主协会联合会（BDA）和德国工商议会（DIHT）一起组成了德国经济议院（Haus der Deutschen Wirtschaft in Berlin）。这个议院的目标是改善德国的经济状况，提高德国工业界在世界上等竞争力，维护成员的切身利益。参见戴继强、方庆编著，《德国科技与教育发展》，人民教育出版社 2004 年 7 月，第 190 页；更多信息参见 http://www.bdi.eu/
④ 更多信息参见 http://www.intef.de/
⑤ 更多信息参见 http://www.vdid.de/index_vdid.html
⑥ Selle, Gert, Geschichte des Designs in Deutschland, p223.

Maldonado）①作为外聘的顾问和乌尔姆设计学院的代表受到了邀请。②

在国际竞争中获得成功是东西两德设计政策的主要目标。在优良形式的传统官方文化意识形态里，产品必须是美且有用的，同时也要证明生产系统的文化成熟度，并展现出为社会全体的责任。这个长期的、并非绝对有计划的过程反映了西德特殊设计方式的适应性，比如通过突出的、有设计意识的机构的推动设计奖项的评选等。在西德，设计制度基本上只是提供咨询和出版的服务，在一定程度上起到普及宣传性的作用，但如果对企业决策和自由设计师设计工作进行干涉，这在市场经济下则是难以置信的。③至今还在进行的德国设计委员会"优良形式联邦奖"，北莱茵—威斯特法伦州红点设计中心的"红点奖"（red dot 奖）④，汉诺威国际设计论坛的国际设计大奖（iF 奖）⑤等都已成为国际重要的设计奖项。

4.2　乌尔姆设计学院教育思想的形成

4.2.1　新的教育理念（1947—1953）

1946 年，为了纪念在第二次世界大战中被纳粹杀害的兄妹，英格·肖尔(Inge Scholl）和奥托·埃舍尔（Otl Aicher）在德国小城乌尔姆（著名科学家爱因斯坦的故乡）建立了一所学院。他们两人想通过这种方式反思德国在第二次世界大战中的表现，调解德国由来已久的文化与文明的矛盾。学院希望通过建立一个基于社会学、符号学和政治参与的新设计科学来弘扬包豪斯人道主义精神，从根本上探索现代工业社会中美学和设计的社会意义，目的是建立一所将职业技能与文化创造和政治责任结合起来的学习场所。乌尔姆学院的领导者从建校之初就有意回避建立第二个包豪斯，在发展中形成了一套既不同于包豪斯的理想主义，又不同于美国消费主义的设计哲学。如此，乌尔姆设计学院的历史展现了更广泛的美学与政治、功能主义与自由主义之间的关系。为此，创建者提出了包括媒体学习（政治、杂志、收音机和电影）和艺术教导（摄影、广告、绘画和工业设计）在内的"普适教育"计划。

为了进一步体现学院国际化精神，肖尔和埃舍尔决定物色一位国际知名人士出任校长，经考虑，来自中立国瑞士的设计师兼雕塑家、画家，时任瑞士

---

① 马尔多纳多 1922 年生于布宜诺斯艾利斯，画家、作家、教育家。1938 年—1942 年在美术学院学习。出版了大量的关于美学、符号学和高校教育的出版物。1949 年组织了现代建筑展，被指定为现代国际建筑学会成员。1954 年任乌尔姆设计学院讲师。1955 年以四国语言发表了关于比尔的专著。自 1956 年起任校委会主席。在世界很多地方作过报告和讲座，参与了很多国际性的展览和会议。曾任英国皇家艺术学院教授、普林斯顿大学建筑学院教授。1968 年获英国工业艺术与设计师协会（SIAD）的设计奖章。1967 年—1969 年担任国际工业设计学会常务委员会会长。
② 徐昊，《乌尔姆设计教育思想研究》，中央美术学院博士学位论文，2010 年。
③ 徐昊，《乌尔姆设计教育思想研究》，中央美术学院博士学位论文，2010 年。
④ 更多信息参见 http : //www.red-dot.de/
⑤ 更多信息参见 http : //www.ifdesign.de/

图 4-1 马克斯·比尔在课堂上，1955 年

制造联盟主席的马克斯·比尔（Max Bill，1908—1994）（图 4-1）成为最合适的人选。比尔自 1924 年到 1927 年在苏黎世艺术与手工艺学校学习银器制作工艺，这段时间的设计受立体派和达达派的影响。他对苏黎世的生活并不满意，加上受柯布西耶影响，1927 年—1929 年到德绍包豪斯学习建筑，起初他对包豪斯有些失望，但很快其人文主义和功能主义思想深深吸引着他。毕业后，比尔回到苏黎世从事建筑、绘画和雕塑工作，1930 年建立了自己的建筑事务所，1931 年比尔受杜斯伯格"具体艺术"观念影响，认为普遍性要通过清晰的表达来获得，并于 1944 年在巴塞尔组织了"具体艺术"展，他的建筑设计作品分别于 1936 年和 1951 年两次在米兰三年展中获奖，1949 年他组织了瑞士的工作联盟"好的外形"（Good form）展览。除了这些，最重要的是比尔一直想建立一所新的设计学院以表达他对包豪斯的敬意。

1950 年，首任校长比尔接受了任命，但他强调学院的教学应从关心政治转到关心艺术和设计上来，故反对过多地将政治课实体化，同时他还认为真正的教育改革也不是从媒体学习开始的，而应是城市规划、建筑和日用品设计这些与现实生活关系更密切的东西，使其成为能为学生工作提供实践机会和职业培训的正常教育机构。相应的，比尔认为学校不应该再笼罩在肖尔"阴影"之中，而应以包豪斯传统来塑造自己，他建议以设计学院来命名，以表达对德绍包豪斯的敬意，以继承包豪斯精神，尤其是包豪斯的基础课传统。最后，学校的折中方针是通过"综合形式"培养具有社会责任的新一代建筑师和设计师。

4.2.2 一个新包豪斯（1953—1956）

1953 年起，学校设立了 4 个系：信息系（从事文字媒介的分析和研究）、建筑和城市规划系、视觉设计（包括电影、摄影和摄像研究）和产品设计系。明确了目标和计划后，寻求资金依然是学院所面临的问题，虽然一开始就得到德国工业和银行家的支持，但肖尔最终还是不得不转向美国政府有关部门寻求支持。实施马歇尔计划的美国当局顺便利用了这个机会，资金很快到位。1953 年比尔设计的乌尔姆校舍开工了，他将老师和学生组织在一个"共同社团"之中（图 4-2、图 4-3）。比尔的方案充分体现了乌尔姆的文化理想：通过文化与文明的融合，打破理论与实践、劳动与休闲、甚至大众与个人之间的区别。在乌尔姆的临时校舍中，乌尔姆的第一批学生开始接受前任包豪斯教师施密特（Helene Nonne Schmidt）、彼得汉斯（Peterhans）、阿尔伯斯、伊顿的教导，这些教员绝对性地影响了这所学校从 1953 年至 1956 年的基础课程。课程直接承袭包豪斯的传统，只是去掉了绘画和雕塑班，也不存在自由艺术和应用艺术系科。

图 4-2 马克斯·比尔设计的乌尔姆学院校区模型之一侧，1953 年（左）
图 4-3 马克斯·比尔设计的乌尔姆学院校区模型之另一侧，1953 年（右）

聘任的国际化已经成了乌尔姆设计学院的共识，国内外著名的艺术家和设计师都开始向乌尔姆聚集。该校教师名额一般保持在 20 位，其中多半是外国人。此时的固定职位的讲师包括艾舍、瑞士的比尔、出生于印度尼西亚的古格洛特、阿根廷的马尔多纳多、奥地利的蔡施艾格等人，正是学院成立初期由比尔一步步地打造的一支令人羡慕的国际化的教师队伍，日本人杉浦康平（Kohei Sugiura）[1]是乌尔姆设计学院发展后期执教时间较长的国际级设计大师。艺术家沃德姆伯格·基德瓦特（Vordemberge-Gildewart）[2]和后来的电影制作者亚历山大·克鲁格（Alexander Kluge）[3]及埃德加·莱茨（Edgar Reitz）所代表的德国教师占了少数，这对于当时德国的高校来说是没有先例的。此外，该校有许多外国学生，外国学生的比例显示了乌尔姆是怎样的一个国际化机构，总共 278 名外国学生，占了总注册人数的 44%，这样的一个比例没有其他的德国高校达到与之近似的数值。乌尔姆设计学院全体教员和学生具备的真正的跨洲际的国际特性是教学中一个非常突出的方面，这个国际性与战前的种族主义和民族主义风行的情况可以说是有着天壤之别，致使乌尔姆对欧洲和其他许多国家（例如印度、美国、墨西哥、古巴、巴西等）产生影响。

在学院开学仪式上，"新包豪斯"的称号也赋予乌尔姆重要的象征意义。比尔在祝词中表达了其愿望："世界上没有第二所学校与乌尔姆有着同样的目标。总之，学校希望为普遍的日常文化创造简洁实用的日用品，特别是当大多数设计师和制造商忽视了这些普通物品作为有重大影响的文化因素的重要性时，通过我们诚实的工作和周密的判断，我们要按照当前的需求和可能尽可能的帮助人们再设计他们所处的环境……我们认为文化不是'高尚艺术'的特殊的领地，而是表现在当前的日常生活和所有物品的形式中；实际上，每个形式

---

① 杉浦康平 1964 年—1967 年执教于乌尔姆设计学院视觉传达系。

② 吉德瓦特 1899 年生于奥斯纳布吕克，画家、版式设计师。1919 年在汉诺威工艺美术学校和汉诺威工业大学学习建筑。自 1924 年起成为主要的先锋杂志成员。1952 年取得鹿特丹美术学院的讲师职位，1954 年—1962 年任教于乌尔姆设计学院指导视觉传达设计的课程。他的许多作品被收藏在全世界主要的博物馆。他曾获得 1953 年圣保罗第二届双年展的大奖。

③ 克鲁格 1932 年生于哈尔伯施塔特，1949 年—1953 年间在马尔堡大学学习法律并取得博士学位。1956 年—1958 年在法兰克福大学学习历史。自 1959 年起从事律师及电影制片人的工作。1962 年起担任电影设计研究所的负责人。他曾获 1966 年威尼斯银狮奖，1968 年威尼斯金狮奖，1979 年联邦德国影片奖等殊荣。

图4-4 马克斯·比尔等人设计的乌尔姆凳，1955年

都是功能与目的的表达。我们没兴趣生产廉价的艺术和手工艺，而是人们真正需要的物品……总而言之，那些可以改善和美化生活的实际的东西——文化是日常的文化，不是来自其之上并超脱（above and beyond）的文化。"[1]

在包豪斯观念的感召下，比尔转向艺术与数学的结合，他认为数学可以在艺术、逻辑与工业之间建立必要的联系，因此他比20世纪20年代的功能主义者更加相信功能决定形式这一观念。当然，比尔并不是要把决定产品外形的权利交于工程师，而是将这一权利赋予设计师直觉的"自由表现"。比尔不断强调学院的非商业化的教学目的："学院的建设者相信，艺术将成为人类生活的最高的表现，因此，他们的目的是将生活转变为一件艺术品。用50多年前由凡·德·维尔德提出的著名质疑来说，我们的意思是，'把丑陋留给战争'，丑陋只可能被内在的美德击败——因为'美德'曾经是美丽和实践的。维尔德魏玛工艺美术学院的直接继承者——德绍的包豪斯已经明确制定了相似的目标。如果我们想走的比德绍更远，战后需求明显要求增加必要的课程。例如，我的想法是更应该加强日常用品的设计；培养最具广泛可能性的城市和地区规划发展；培养随着最新技术而成为可能的提高视觉设计的标准。"[2]（图4-4）1956年，比尔重申了非商业化的主张，认为工业设计教育的目的不是"把昨天的图形变成方形"，而是"把这些人类需求的物品看作决定性的影响我们生活形式的文化因素。汤匙和机器，交通灯和住宅，以此观点来看是一致的。"[3]

在比尔赋予工业设计崇高的道德理想的同时也难免远离实际，因此受到其他成员的非难，首先向他提出质疑的是1954年加入乌尔姆的阿根廷人托马斯·马尔多纳多（Tomas Maldonado，1922—）和奥托·艾舍。一方面他们认同比尔培养有社会责任感的设计师的愿望，但同时认为比尔的教育观念仍停留在包豪斯理想主义阶段，在他们看来，比尔关于设计从属于艺术的先验性的哲学，正是新方向的障碍所在。他们强调从根本上与以手工为基础的包豪斯传统相脱离，并面向科学和现代化大生产技术的新方向。此次冲突是不可化解的，而且比尔不再认同学校所采取的方向，并对现有的学院集体领导体制深表失望，于是，他在抗议下离开了乌尔姆。他的离去标志着学院以艺术为基础的设计教育的结束。

4.3　乌尔姆设计学院的设计教育特色与发展

4.3.1　设计与科学（1956—1958）

这个阶段是以马尔多纳多（图4-5）、艾舍（图4-6）、古格洛特等人的教学为主导，这些教师们尝试着在设计、科学和技术之间建立一种新的、更加显著的密切关系，这是乌尔姆模式的第一次体现。该学院逐步形成了一种使

① 徐昊，《乌尔姆设计教育思想研究》，中央美术学院博士学位论文，2010年。
② 引自 http://baike.baidu.com/view/616459.htm
③ 徐昊，《乌尔姆设计教育思想研究》，中央美术学院博士学位论文，2010年。

  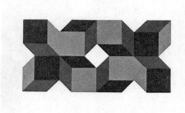

设计师对自身角色更加谦虚、谨慎的培养模式，是对设计师作用和职责的清醒认识，使他们认识到设计"不是一种表现，而是一项服务"，是一个基于技术与科学支持的设计模式。随着设计本身所关注的事物远比椅子和灯具更为复杂，设计师不再是高人一等的艺术家，而是在工业生产决定的过程中同等的合作者，设计师必须成为包括科学家、研发部门、销售人员、技术人员们在内的团队的一部分。在马尔多纳多的领导下，新的基础课程明确地远离包豪斯的观念，而是吸收了一种精确的几何数学式的视觉方法论（Visuelle Methodik）和符号学的课程把多学科的内容补充到组成基础课的视觉训练的模式中，也就是带有抽象形体的知识，扩大了对设计形式话语的普遍认知（形式、色彩、结构）。乌尔姆基础课的真正意图，在于通过对学生精确手工的训练，获得严谨缜密的思维方式（图 4-7 ~ 图 4-10）。笛卡尔（René Descartes）思想[1]在学术理论上占有主导地位。理性、严格的形式与结构掌控着思维，只有"精确"的自然科学才能被完全接受为参考科目。特别是与数学相关的学科被用于研究设计上的可能性。学生在有意识地、按部就班地执行设计程序中受到训练，从而教导学生一种与日后他们在产品设计、工业构造或传达等领域工作所配合的思维方式。[2]

针对过于艺术化的教学观念，马尔多纳多 1958 年提出了一个与比尔秉承包豪斯理想完全不同的现代设计教育模式，并提出了更加科学化的工业设计观念。他认为现代设计能成为一个新职业是经济危机中刺激消费的手段，设计师与市场之间完全没有距离，而且工业设计不是艺术，而设计师也不是要成为艺术家。为了理清设计的发展脉络，马尔多纳多总结了设计发展的三个阶段：第

图 4-5 课堂上的马尔多纳多，1966 年（左）
图 4-6 奥托·艾舍在平面设计课堂上，1958 年（中）
图 4-7 视觉基础课程作业，1958 年（右）

---

[1] 被称为"现代科学的始祖"的笛卡尔生于 1596 年，是 17 世纪的欧洲哲学界和科学界最有影响的巨匠之一。笛卡尔的主要数学成果集中在他的"几何学"中，他提出用代数学的方法进行计算、证明，从而达到最终解决几何问题的目的，建立一种"真正的数学"的"解析几何学"。他的这一成就为微积分的创立奠定了基础。他在古代演绎方法的基础上创立了一种以数学为基础的演绎法，以唯理论为根据，运用数学的逻辑演绎，推出结论。这种方法和培根所提倡的实验归纳法结合起来，成为物理学特别是理论物理学的重要方法。他还提出"普遍怀疑"原则，这一原则在当时的历史条件下对于反对教会统治、反对崇尚权威、提倡理性、提倡科学起过很大作用。

[2] Rübenach, Bernhard, "der rechte winkel von ulm ein bericht über die hochschule für gestaltung 1958/59", Hg.B.Meurer, Darmstadt1987, 引自（德）伯恩哈德·E·布尔德克，《产品设计——历史、理论与实务》，第 43 页

图 4-8　形态基础课程作业，1958 年（左）
图 4-9　形态基础课程作业，1959 年（中）
图 4-10　形态基础课程作业（右）

 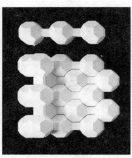 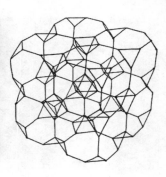

一阶段的设计师是大批量生产催生的发明家；第二阶段的设计师是大萧条期间刺激消费的艺术家；第三阶段的设计师将成为"调解者"。他认为设计师的任务已经从设计物品的风格转向生产过程本身，因此设计不再是神秘而不可捉摸的艺术活动，不再属于道德理想和艺术生产的文化范畴，设计已成为产品管理和系统分析更科学化的社会运作。因此，他提出设计师应抛弃美学的文化负担，努力成为如下角色的设计师："可以在我们工业文明最敏感的核心工作；那些作出我们日常生活重要决定的地方，是那些利益相对、常常是很难达成一致的地方。在这种条件下，工作的成功依赖什么？当然是他们的创造力，但还有思想和工作方法的策略和精确性和科学的和技术知识的广度，还有解释最神秘的和最细微的我们文化进程的能力。"① 在这种思路的引导下，乌尔姆开始了与外界的合作，其中最重要的就是与布劳恩电器公司的合作。

　　乌尔姆教师汉斯·古格洛特与布劳恩驻厂设计师迪尔特·拉姆斯（Dieter Rams，1932—）合作开发了"SK-4"收音机和电唱机、系列剃须刀（图 4-11、图 4-12）。他们试图让使用者重新认识收音机：收音机不再是笨重的机器，而是基于新技术的可移动的设备。这样，塑料和金属就取代了原来的木材，而镶金和繁复的纹样也变成了中性灰和简洁的直线。此外，在克里斯蒂安·斯托布（Christian Staub）和沃尔夫冈·西奥尔（Wolfgang Siol）的领导下，学院摄影系发展了一套新的产品摄影理论，他们有意与纯艺术拉开距离，即"摄影不是艺术的替代品"②，而是努力通过各种手段尽可能全面地传达产品的功能信息，同时也遵循着审美的标准。他们所拍摄的照片均有一个特定的目的，用以再现一个真实的状况或过程，并发掘出场景的诱人之处。

　　这样，学院对技术和机器的强调就超过了对艺术和手工艺的强调，而与布劳恩的合作也促进了乌尔姆由家庭用品向基于理性分析和技术知识的消费电子产品和公共设施设计转变。此前，第二次世界大战后的德国设计曾产生了一个名为"肾脏形"（Nierentisch，意为一种三条腿不规则小圆桌）的潮流，这一设计潮流反对功能主义教条，公开赞颂富有活力的形式和狂野的色彩，还有不对称的形状，他们的灵感来自超现实主义、有机设计、青年风格还有

① 引自 http：//baike.baidu.com/view/616459.htm
② （德）赫伯特·林丁格尔，《乌尔姆设计》，王敏译，（北京：中国建筑工业出版社，2011），第 14 页。

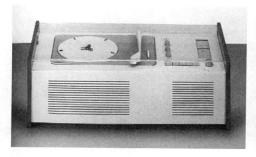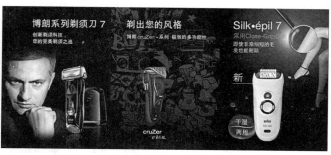

图4-11 古格洛特设计的布劳恩 SK-4 收音机和电唱机，1956 年（左）

图4-12 古格洛特设计的布劳恩 Sixtant 系列剃须刀，1961 年（右）

新自由主义建筑。20 世纪 50 年代的德国的灯具、花瓶、烟灰缸和墙纸还有挂毯上充满了蜿蜒的曲线。虽然在文化理想上，肾脏形风格无法与乌尔姆学院理性设计相比，但它却真实地反映了德国第二次世界大战之后的人们所向往的日常生活。随着经济复苏和塑料等新材料的广泛应用，冷酷的功能主义在日常生活中已经失去了早期的正当性，有限物质条件下的功能研究已经转变为同有机主义一样的风格。①之后，学院全力以赴地发展现代设计的全新观念，而在这种观念下，美学、文化和艺术都成了沉重的历史包袱。学院再次调整了教学计划，教学目的变为为技术文明提供两种不同的专家：工业产品设计（工业设计和建筑系）；视觉艺术（视觉传达和信息系）。学院培养出来的设计师既要能够支配现代工业的技术和科学知识，又要能够掌控他们工作所带来的文化和社会影响。1958 年的课程修订进一步强化了这一方向：色彩教学完全去除，工程科学和更多的科学课程被引入，如数学、生理学、感知理论、人机工程学和科学认识论等。马尔多纳多在信息论、实验美学和活动理论的背景中研究艺术设计和科学的联系。他主张，在艺术设计实践中必须广泛利用一些数学学科，如集合论（解决统一部件的机床组合化问题）、多面体几何（规则外形和不规则外形的设计）、群论（对称和控制理论）、拓扑学（客体的度量和非度量结构）等。

4.3.2 规划狂（1958—1962）

放弃了包豪斯的教学模式，乌尔姆开始发展自己的现代设计方法学，受杜威的实用主义和维特根斯坦的逻辑实证主义学说的影响，马尔多纳多和哲学教授马克斯·本森（Max Bensn）将符号学引入设计，提倡科学的实证主义（Positivism）和"操作假设"（Working Hypotheses），努力使设计摆脱道德、审美和非理性的束缚，他们认为在新环境中保有道德的唯一方法不是维持秩序，而是引起混乱与争论。如此，学院曾有与工业合作的信念就消失了，与粗野、喧嚣而堕落的工业相比，学院更喜欢清白的理论世界，这使学院更加孤立和愤世嫉俗。②

---

① 引自 http：//baike.baidu.com/view/616459.htm

② 引自 http：//baike.baidu.com/view/616459.htm

图4-13 乌尔姆设计学院的师生作品展，1958年（左）
图4-14 乌尔姆设计学院巡回展，1963年（右）

学院设计课程的科学化开始了（图4-13）。[①]马尔多纳多试图"在开放的学校的方向上工作，不提供预先教条"，从而"取得可见的结果"。人们所理解的在一所设计高校中代表新时代的符号就是其对新专业的拥有。在建筑系随即开始开设了应用生理学、生产技术和材料科学、结构学，还有普通力学、学科史和社会学讨论课。人体工学、经济学、运筹学、物理学、符号学、社会学等学科在教学大纲中越来越重要。由《ulm》杂志中记录的学院推荐的参考书目分为三个专业门类，产品设计、视觉传达和建筑，目的是为学生提供一个了解最新出版的设计话语的平台。其中包括的方向有：关于产品设计的"设计史和设计理论"、"人机工学"、"工程设计"、"材料"等；关于建筑的"建筑批评与理论"、"建筑构造"、"建筑生产"、"交通"、"规划方法论"等；关于视觉传达设计的"感知理论"、"包装"和"工艺"等。[②]通过对传统课程的挑战，学院与比尔时代彻底划清了界限，也从所有其他的设计教育机构（工艺制造学校、技术学院、研究院）中明显地脱离了出来（图4-14）。不过，当学院的教学甚至走到了"唯方法论"的方向时，学院看起来更像是一所工程技术学院。[③]

4.4 乌尔姆设计学院的关闭及其教育思想在世界范围的传播

4.4.1 乌尔姆模式（1962—1966）

乌尔姆显然是立足于德国理性主义的传统之上，试图证明设计的科学特征，尤其是通过教学方法的运用，尝试将科学整合进设计。那些在一年前还不是教

① 徐昊，《乌尔姆设计教育思想研究》，中央美术学院博士学位论文，2010年。
② 这些书其实是从1964年出版的如《Industrial Design》、《form》、《VDI-Zeitschrift》、《Design》、《Form und Technik》和《Der Polygraph》等专业杂志中挑选的一系列文章，关于产品设计的参考书目的方向还有："方法论"、"表面处理"、"产品分析"、"产品发展"、"标准化与技术化"、"技术教育"、"塑料"、"金属"；关于建筑的参考书目方向还有："医院"、"规划"、"理性化"；关于视觉传达设计的参考书目的方向还有："分析"、"教育"、"历史"、"招贴、徽章、广告、版面"、"字体"、"语言"等。详见《ulm》第12—13期，1965年3月，第73—75页
③ 徐昊，《乌尔姆设计教育思想研究》，中央美术学院博士学位论文，2010年。

学计划一部分的专业选修科目，之后便使绝大多数成为必修课。如在科学理论和数学运算分析如：群组理论（Gruppentheorie）、集合论（Mengenlehre）、概率论（Wahrscheinlichkeitsrechnung）、统计学（Statistik）、博弈论（Spieltheorie）、线性编程（Linearprogrammierung）、评价序列理论（Theorie der wertenden Reihen）、标准化（Normung）、信息论（informationstheorie）中讲授方法论。它们补充到技术学如制造学（Fertigungslehre）、材料学（Werkstoffkunde）、普通力学（allgemeine Mechanik）、技术成型（technische Formgebung）的科目中（图4-15）。

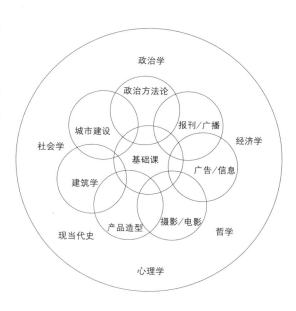

图4-15 1958年7月艾舍的"基础课—教育类别—通识教育"示意图

在此阶段的教学计划中，理论和实验的课程已经取得平衡，教学活动本身达到完全定型，从而成为许多其他设计学校的参考模型。独立的设计小组（研究所）接受工业界委托所做的设计项目也越来越多，同时，企业对于开发设计为其所用的兴趣也越来越明确。德国企业也很快认识到，乌尔姆所运用的原则能够用以实现理性制造的理念，而这一理念是相当符合当时的技术水平的。仅从外表看，乌尔姆学院自身不再被视作关于研究和发展的综合大学水平的机构，结果，以"没有研究就没有资金"为评判依据，德国政府停止资助该校。①

在教学计划中，强调设计朝着实用转变的科学知识成为必修课，理论科目的学时并未被缩减。在教学大纲中，理论课程的比例趋向于扩大，学位课程的理论部分也由纯理论的内容调整为实验性的研究，所涉及的范围涵盖了公共运输、个人交通和电器产品（图4-16、图4-17）。为了再次将各系予以整合，学院开展了一些跨学科的项目。②

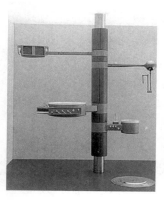

图4-16 三年级学生设计的牙科器械，1962年（左）
图4-17 联合数据系统，马尔多纳多等人设计，1963年（右）

---

① （德）伯恩哈德·E·布尔德克，《产品设计——历史、理论与实务》，胡飞译，（北京：中国建筑工业出版社，2007），第40页。

② （德）赫伯特·林丁格尔，《乌尔姆设计》，王敏译，（北京：中国建筑工业出版社，2011），第14页。

此外，严峻的现实是乌尔姆学院的财政状况正在陷入困境，同时还有其他的危机也在接踵而至，这便为该学院的反对者们增强了勇气。1963 年底，来自乌尔姆所在地巴登 - 符腾堡州（Baden-Wurttemberg）议会以最后通牒的形式向学院施加压力，致使教师们开始担忧该学院将会有一场不可避免的激变及解体。

4.4.2　挣扎与失败（1967—1968）

乌尔姆设计学院的最后几年则是更多的陷入了政治上的争论和财政上的困扰中。在最后两年里，校方试图保持学院独立性的尝试，以及不断寻找新的理念和制度结构都未能奏效。即使外部环境对于学院有负面影响，但似乎来自内部的冲突所引发的危机更为致命。学院在教育方面的活动明显地不如创办初期那么充满活力，教员的相继离开也让整个学院的吸引力大为减弱，乌尔姆人不得不为学院的生存而疲于奔命，所有在教育上的投入只能维持在最低水平线上。乌尔姆学院办学过程中始终希望保持以私立学院的身份，同时又不失去国家在财政方面的支持和监管上的最大的自由，显然这在当时危机重重的情况下很难得到官方的长期认可。[①]

自 1960 年起，基础课正式取消，但出乎意料的是，这次教学调整遭到了学院师生的反对，他们担心削减技能培训会影响学生的就业。虽然平息了争论，但学院已经不可避免地走到了尾声。这种"科学霸道"的气氛最终又引起了外部的攻击。1963 年春天，德国的一家报纸报道了学院中的矛盾，随之，区政府开始审查学院的财政投入，未来的资金有赖于学院是否能合并到乌尔姆工程学院或是斯图加特城市大学。这一提议刺激了学院的政治抵抗，学生们起草请愿书、教师组织多场讨论会，拒绝与外校合并。为了应对来自外部的敌意，1964 年乌尔姆举办了一系列巡展，从技术设备到地铁系统，从拖拉机模型到汉莎航空公司内舱设计等项企业识别系统（图 4-18）。而且为了回避争论，学院开始由产品设计转向"产品系统"和设计理论的研究，从关注产品的形式转向"操作和控制"研究。显然，无论是比尔还是马尔多纳多都没有真正将设计与商业化结合在一起，虽然怀有高尚的文化理想，但在现实的商业化面前，"功能主义暴政"成为战后丧失个性与环境污染

图 4-18　汉莎航空公司的企业识别系统之一，艾舍等人设计，1963 年

---

① 徐昊，《乌尔姆设计教育思想研究》，中央美术学院博士学位论文，2010 年。

等社会问题的象征。最终在内外矛盾的挤压下，学院于 1968 年 10 月关闭了，虽然以后又以一所小型的环境规划研究所（IEP）的方式存在了一段时间，但再也没有恢复以前的地位。由于其丧失了独立学院的自主权，则意味着研究所对斯图加特大学的单纯依赖，并最终导致它在 1972 年被关闭。

4.4.3 乌尔姆教育思想的传播

与包豪斯当年一样，尽管乌尔姆也是问题重重，但是，经过两代人前赴后继的努力，他们终于将现代设计从以前的在艺术与技术之间摆动的状态坚决地移到科学技术的基础上来。虽然高尚的道德理想难以实现设计与商业的结合，作为继承和超越包豪斯传统的标志之一，符号学和社会学的引入则的确为以后消费社会下设计的发展保留了最后一份难得的文化理想。尽管乌尔姆设计学院关闭了，但是乌尔姆模式还在继续被应用。不仅在德国，而且尤其在德国以外的工业发展中国家，它的许多思想被传承起来。在德国，多所培养设计师的机构极大满足了工业界和经济界对于专家的需求。在国外，乌尔姆模式的发扬光大主要是通过乌尔姆设计学院的教师和毕业生来承担的。曾经的乌尔姆人在欧洲、南北美洲、拉丁美洲、亚洲（印度、日本）等地约 50 多所高校和学术机构任职。在许多设计院校，从设计基础训练课程到重新发现的方法均带有典型的乌尔姆的特征，如模块化构造，系统设计思想，理论与实践的紧密结合等。

曾经有 20 名日本人在乌尔姆设计学院学习过，虽然这个数量无法和留学美国的庞大的学生数量相比，但对战后日本的设计教育的改革来说举足轻重。日本在 20 世纪 60 年代出现了两个新的设计教育机构，都是以乌尔姆设计学院的教育理念为依据的。1967 年武藏野艺术大学(Musashino)成立了设计科学系，1968 年在设计史家小池真治（Shinji Koike）的负责下，九州岛技术学院（KIT）成立了。九州岛技术学院随后形成了福冈国立大学，小池成为第一任校长。小池在 1965 年时就曾在 ICSID 的讨论会上表现出对乌尔姆设计学院"工业设计师的教育"的支持。受乌尔姆设计学院的启发，技术学院提出了一个"艺术工程"（art engineering）的概念，它的定义是"技术基础的科学和可以想象的最自由的人类思想的表达的艺术联合，在此帮助下以全面的方式去计划和设计未来技术与其功能的建立"[①]。技术学院一开始有四个专业领域：环境设计、工业设计、视觉传达设计和听觉设计，1997 年又增加了艺术与信息系。在技术学院是否"艺术"和"技术"如原先的"艺术工程"理念中描述的那样可以实现学科的整合，曾在 1956—1957 学年在乌尔姆设计学院进行过基础课学习并于后来在学院研究所工作过的向井修太郎（Shutaro Mukai）认为，两个学科的并存是可能概括出"艺术工程"的定义的，而且具有"伟大的意义"。在 20 世纪 60 年代的日

---

① Shutaro Mukai，"Einflüsse der HfG Ulm auf die Designausbildung in Japan"，in Ulmer Museum/ HfG-Archiv，*ulmer modelle*，*modelle nach Ulm.Zum 50.Gründungsjubläum der Ulmer Hochschule für Gestaltung*，p136.

本对于新专业进入高校的呼声很高，"艺术工程"概念下的设计学科有了以技术的方式阐释的机会。[①]

20世纪60年代初期，巴西的工业设计高等学校（ESDI）就有许多乌尔姆设计学院的校友担任教职。苏德哈卡·纳德卡尼（Sudhakar Nadkarni）在马尔多纳多指导完成"设计作为发展中国家的计划因素：以印度为例"的硕士论文之后来到了印度国家设计中心（NID），后来又到了印度技术学院工业设计中心（IDC）执教。他希望把在乌尔姆设计学院学到的课程与"解决科学原则和方法的问题"的能力变成在新的教育计划上的新思想。乌尔姆设计学院的部分师生也来到该中心任教，《ulm》杂志也成了印度师生了解乌尔姆设计学院思想的重要来源。他认为设计的新任务是"希望让决策人能领会，设计师和设计机构不仅操控着出口市场，而且在一个广泛的经济战略的框架内也应该有助于改善本国的生活方式"。1973年联合国工业发展组织（UNIDO）工作报告的依据就受到乌尔姆设计学院的影响。在1979年UNIDO和ICSID的会上，欧尔等人对纳德卡尼呈交的印度官方5年计划给予了支持。纳德卡尼认为印度技术学院工业设计中心的成功在于保持对国家设计计划基础的支持，并且把设计计划用于教学计划中，同时拓展了"设计师的领域"[②]。乌尔姆设计学院的课程安排也成了如墨西哥都会独立大学（Universidad Antonoma Metropolitana）等院校的产品设计课程的模板。[③]

曾在1963年至1968年任教于乌尔姆设计学院的教师吉·博西培（Gui Bonsiepe）在他的"非工业化国家的'乌尔姆模式'"一文中认为，顺应工业化国家需要与发展可能的"乌尔姆模式"并不局限于少数工业化国家，它的影响也"遍及那些将工业化视为一项减少其技术依赖性与创造经济财富的工具的国家"，并逐步创造一种自主的物质文化。因为这些国家面对的事实是：不仅工业界决定性地影响了加工制造业、传播业和建筑业，而且传统的大学教育不足以处理这些工业所带来的问题。乌尔姆设计学院的理念可以"填补这个传统大学未顾及，也无法顾及的缺口"。不过，博西培认识到对于在工业基础薄弱的第三世界国家中的设计机构和设计教育机构，重要的是将教学活动与为产业界及公共机构提供咨询的工作的结合，政府对设计领域的支持与赞助扮演了举足轻重的角色。即使乌尔姆设计学院理性主义被后现代主义认为是一种令人生厌的行为，但这种理性主义在第三世界国家却被证明是可行的，批判乌尔姆理性主义的人也无法为第三世界国家提供"属于自身产品文化的参考点的替代方案"[④]。因此，虽然发展中国家的工业基础是薄弱和缺乏规划的，但乌尔姆模式

---

① 徐昊，《乌尔姆设计教育思想研究》，中央美术学院博士学位论文，2010年。

② 参见 Sudhakar Nadkarni, "Ein Botschafter ulms in Indien", in Ulmer Museum/ HfG-Archiv, *ulmer modelle, modelle nach Ulm.Zum 50.Gründungsjubläum der Ulmer Hochschule für Gestaltung*, p144—151.

③ 徐昊，《乌尔姆设计教育思想研究》，中央美术学院博士学位论文，2010年。

④ 博西培，"非工业化国家的'乌尔姆模式'"，载（德）赫伯特·林丁格编，《乌尔姆设计》，王敏译，（北京：中国建筑工业出版社，2011），第268—270页，转引自徐昊，《乌尔姆设计教育思想研究》，中央美术学院博士学位论文，2010年。

对这些国家的吸引力在于任何形式的制造业都能够得以增长——从通常只有初级生产技术的小企业、中等企业和更大一些的企业一直到大型企业。而在工业生产中出现的功能、审美和社会方面的缺陷，恰恰是乌尔姆在其计划中试图修正的内容。

　　回顾乌尔姆，博西培意味深长地说道："这所学院并不是悲壮地走向结束，而是其希望的开始。对这所学院的衡量不是来自于其所取得的成就，而是来自其因阻挠而未能实现的事业。"①

---

① （德）赫伯特·林丁格编，《乌尔姆设计》，王敏译，（北京：中国建筑工业出版社，2011），第 29 页。

第 5 章　现当代德国现代设计教育状况

20 世纪 60 年代以后，欧洲工业国家实现了经济高速增长。受市场经济影响的国家之间的竞争，很快就加剧成为国际性的贸易竞争。在此情况下，设计也必须适应这种形势的变化，当工业界逐渐开始将产品设计、结构和生产予以合理化的同时，设计已不可能再用那种源于德意志制造联盟的艺术与手工艺传统，以及主观而感性的设计方法了。因此，设计师需要努力将科学的方法整合到设计过程之中，以便能被工业界当成重要的合作伙伴。在此方面，乌尔姆设计学院曾经起到了开路先锋的作用。之后，随着 20 世纪 90 年代关于核心竞争力的概念开始被高等院校管理专业方向所接受，设计很快找到了新的方向，设计专业被强调为交叉学科、跨学科和多学科。

5.1　20世纪后期以来的德国现代设计教育概况

第二次世界大战结束后的 1945 年至 1956 年，处于废墟中的德国被英法美和苏联分割占领，1949 年成立了两个对立的国家，即资本主义体制下的联邦德国（西德）和社会主义体制下的民主德国（东德），此后 40 余年，两个德国的教育走上了各自不同的发展道路。1989 年，柏林墙被推倒。1990 年德国在 40 年分裂后重获统一，教育制度的统一基本上按照联邦德国模式进行。战后初期德国教育改造的主要任务是清除纳粹主义和重建教育体系。对于德国精神和教育重建的基础，西德选择了"从魏玛开始"的保守主义政策，继承魏玛共和国时期的教育体制，各州享有文化主权，而没有像东德那样进行彻底的教育重建。20 世纪 60 年代西德在战败废墟上的崛起举世瞩目，体现了西德教育模式和教育政策对社会和经济发展的重要作用及意义。

西德于 20 世纪 60—70 年代构想并实施了一系列高等教育改革，包括加强联邦政府对教育的管辖权，改革中等教育制度以扩大高校生源，改建和新建各类高校，特别是专科类技术高校，改革高校课程和专业设置等。作为世界性大学学生运动的一部分，1968 年的德国学潮要求高校进行民主化改革，以师生员工共同参与的"集体治校"取代"教授治校"，并为各阶层人群提供公平的高等教育机会。[①] 1969 年联邦议会通过修改立法，使得高等教育不再只是

---

① 许庆豫，《国别高等教育制度研究》，（徐州：中国矿业大学出版社，2004），第 104 页。

州政府的责任，从而把教育和科研设为中央和地方政府的共同责任。1969 年
至 1971 年，原工程师学校、工业设计高级专科学校、社会公共事业专科学校、
经济高级专科学校等中等职业学校改制为高等专科学校，并确定高等专科学校
是高校范围中的一个独立教育机构。

　　德国高校可以分为大学 (University)，研究与教学侧重于科学领域；一
些高校专攻某些专业领域，例如理工大学，医科、体育、政治、行政或经济
大学以及师范大学；应用科技大学 (Fachhochschule)，相比于综合大学来说
更加侧重实际应用，专业包括技术、经济、计算机技术、设计、社会服务、
教育、护理和自然科学等领域；艺术、音乐、电影学院 (Kunsthochschule
Musikhochschulen und Filmhochschule)，开设培养艺术和创造才能的专业如：
造型艺术、工业与时装设计、舞台美工、平面设计、器乐或者声乐；有些现代
传媒大学专门负责培养导演、摄影师、作家和其他影视创作人员。工业设计
专业主要集中在应用科技大学（40 所）与艺术学院（53 所）。到 2007 年，全
德有高校 383 所，其中综合大学 103 所、师范学院 6 所、神学院 16 所，艺术
设计学院 22 所；专科高等学院 176 所、行政专科高等学院 30 所、混合大学
(Gesamthochschule) 1 所。344 所高校中，私立学校 75 所。2006 年—2007 年
冬季学期入学新生为 344537 人（其中 7% 为外国留学生）。159 所大学中的 100
所和 176 所专科学院中近 150 所可接受外国留学生。目前在校生 197.5 万人，
占总人口的 2.5%。高等学校绝大多数由国家办，但国家也鼓励私人和民间组
织办高等教育，并给以必要的指导和资助。①

　　至今，德国的设计院校绝大多数是由政府主办的公立学校，与中国的情况
类似，从规模来看有三种类型：80% 是专业学院，类似中国的职业教育，有
本科和硕士两种，强调动手能力和职业技能，是高级专业设计人员，就业率很
高；其次是综合大学内的设计学院，有本科和硕士两种，强调研究性，学制五年，
毕业时获工科学位；最后是美术学院中的设计系，也有本科和硕士两种，专业
化程度较高。德国的设计教育机构大多属于职业教育体系，作为世界上最早确
立"双元制"教育体系的国家，"双元制"本身是德国职业教育的特点，这种
形式现已被引入到高等教育里，即出现了将高校和企业两个学习场所结合在一
起的双元制形式，把高等教育与企业职业培训相结合或与企业工作相结合，以
此强化学生实践能力的培养。德国将一些理念变化快、技术要求高的行业人才
的教育从传统的学院派教学中独立出来成立专业学院，把他们提到和学院派同
等的高度，大大促进了其发展，设计教育就是其中的重要组成。德国的独立学
院以私立为主，规模多在几百人左右，为保证教学质量和学生的就业率，限制
招生的人数，力争"做精"而非"做大"②。当今的艺术设计偏重商业利用，注
重观念的表达和原创精神。在教学中，观念的形成和思考能力的培养成为重中

① 资料来源：Statistisches Bundesamt Deutschland（2007a）。
② 清华大学美术学院中国艺术设计教育发展策略研究课题组，《中国艺术设计教育发展策略研究》，清
　华大学出版社 2010 年版，第 236 页。

之重,例如德国斯图加特造型学院从一年级就开设启发思考的研究方法类课程,介绍艺术家和设计师通常所使用的基本研究方法,例如资料收集与分类、图表、测量系统、社会交往、信息查询系统、录制和表达等记录方法,教学生围绕一个主题挖掘其历史的、文化的、政治的和社会的文脉关系,学会从研究过程中获得想法,学会如何连接内容与形式,学会认识和分析主题,这也正是中国传统教育中"授人以渔"的观点,帮助学生养成独立思考的习惯。

　　德国大学有三种基本授课形式:讲座课(Vorlesung)、讨论课(Seminar)和练习课(Uebung)。讲座课大多是理论课形式,讲座课的特点是教师就有关题目作报告,学生只是听讲,在课上教师与学生一般不进行讨论,通常在课后由教师回答学生提出的一些问题。练习课的主要形式是教师和学生一起做练习,对于功课方面出现的问题给予解答,练习课上的教师多半由高年级的学生担任。在讨论课上教师与学生共同讨论,学生撰写论文,然后在课堂上做口头报告。讨论课的成绩由学生口头报告的好坏评定。由以上多种课程的结合搭配,使得在德国学生学习享有很大的"自主权",除少数必修课外,学生完全可以根据专业要求和自己的志趣安排学习计划,包括现代史、文化史和人体工程学等课程,并专门设置了理论与科学课程,来解决设计理论及相关问题,为自己的作品寻找理论依据,使之更具说服力,真正做到理论与实践的统一。四年的学习分为基础学习、专业基础学习、主体部分学习、毕业设计,共四个阶段。实行选课制与学分制,给学生尽可能地选择课程的余地,最终以考试来决定成绩是否合格。德国大学本科的课程分为两个阶段,即:一是基础阶段(Grundstudium),通常为4个学期,主要学习基础课程;二是专业阶段(Hauptstudium),因专业而异,一般为4到8个学期,学习专业课程,做毕业设计以及撰写毕业论文。因此德国大学的学习可以分成不同的阶段,第一阶段包括基础学期的课程和一个中间阶段考试(Zwischenprufung)。中间阶段考试的目的是要学生证明他是否已具备高级阶段学习所需的初步知识。所以在中间阶段考试前,学生必须取得足够的学分,才有资格参加中间阶段考试。学分是由任课老师所签发的一张证明(Schein),证明某学生已得到某一课程所必需的知识,在该证明上通常会注明学生的分数。中间阶段考试前的基础课程学习一般需要两年时间。通过阶段考试的学生方能开始第二阶段,即主修课程学习阶段。这个阶段至少也要两年时间。在主修课程学习阶段,学生接触到更多的专业知识,而且有更多的实践机会。①

　　德国设计院校中实践性课程设置占总学时的四分之一以上,学生通过实习与实践来巩固和完善所学到的理论知识。实践教学中一个重要的组成部分是:企业实习。企业实习通常可分为预实习、基础实习和专业实习,预实习和基础实习是企业实习的第一阶段,以了解企业工作环境,生产工艺基本技能为主。第二阶段是专业实习,要求学生以一个准设计师的身份参与企业的

---

① 毛璞,"德国现代设计教育的形式与特征",《教育理论》2006年第一期,第150页。

设计开发工作，锻炼学生的独立工作能力和社会能力，实习结束最终由企业方和教授共同组成的工作组对学生实习结果做出具体评价并提出建议。德国艺术设计教学注重培养学生的创新意识。德国学生在设计作品往往从生活中汲取丰富的素材作为自己创作的灵感来源，以适应不断变化的潮流。此外，德国学生延续了包豪斯时期基础课程的特点，即对新材料新技术的运用。他们从新技术制造的纸张、布料、玻璃、不锈钢、塑料、金属及木材中寻找作品表现的灵感，或运用包括动态、静态、剪贴、图片、橱窗、摄影，视听等多种视觉形式，使作品得到全新包装。[①]同时，德国艺术设计教育还很注重综合素质的培养。学生必须在大学选修一些跟设计相关的交叉学科，如材料与色彩、纺织面料、电影摄影、机械工程、企业经济学、设计信息学、设计管理、数字图样构成等课程。同时教学内容随社会与经济发展而及时调整，进行更新与补充。以新观念、新内容来充实教学，使教学与社会接轨，并将学生就业的信息反馈，作为教学内容调整的依据之一。项目形式的课程设计和毕业设计是德国艺术设计教育的主要特点之一。这样的教学，意图在通过真实项目的锻炼，使学生在实战情况下积累必要的实践经验也有效地锻炼了学生运用科学知识与方法解决实际问题的能力及独立工作能力和团队合作能力。而艺术设计专业的毕业设计在与企业或社会团体合作进行的情况则更为普遍，约占百分之五十左右的毕业设计是与企业或团体合作进行的。合作式专题讨论课的教学形式也是在德国艺术设计教育中很有特色的一种授课形式。合作式专题讨论课往往是企业直接针对学校提供一些设计项目，而这些项目由教授针对企业要求，提出设计思路，学生以小组的形式就此提出讨论与分析、以口头论证的方法在各小组学生、企业方和教授面前进行阐述，最后由三方共同商定本专题设计及结题方案。在这一过程中强调学生的主体地位。同时，教学强调自己解决问题，锻炼学生的合作能力、交往能力及表达能力。

图5-1　奥芬巴赫设计学院校园一侧，2012年

　　奥芬巴赫设计学院（Hochschule für Gestaltung Offenbach）是德国的一所著名的艺术大学（图5-1）。该学院成立于1832年。学院设有视觉交流学院和产品设计学院。学院开设有6个德国本国设计学硕士专业，如艺术、通讯设计、媒体、舞台设计、服装造型和产品设计专业。学院的教学综合了理论和设计、经验和生产、新兴造型技术与传统造型艺术的知识。学院研究并发展艺术的形

---

① 徐迅，"实践性与科技性——德国高等服装设计教育"，《东华大学学报》（社会科学版）2002年第一期，第68页。

图 5-2　视觉通讯专业工作坊实习，2012 年

图 5-3　艺术专业绘画习作，2012 年

图 5-4　艺术专业雕塑习作，2012 年

图 5-5　通讯设计专业习作，2012 年

图 5-6　通讯设计专业习作，2012 年

图 5-7　媒体设计专业习作，2012 年

（从左至右、从上至下）

式与内容。学院提供的是艺术与科学的教育内容。学院的教学目的是要培养未来的艺术人才，培养能够适应不断变化的企业设计环境的要求的艺术家和设计师。此外，奥芬巴赫设计学院还开设有持续两个学期的项目形式的培训课程：产品设计和视觉交流专业。这两个课程都在课程结束后，获得培训证书。奥芬巴赫设计学院的学业设置由两大方向构成：视觉通讯和产品设计。视觉通讯方向包括 4 个本硕连读的硕士专业：艺术，通讯设计，媒体，舞台及舞台服装设计（图 5-2）；艺术专业包括绘画，雕塑，空间概念等内容（图 5-3、图 5-4）；通讯设计专业包含概念设计，印刷术，图形设计与互动设计，插图设计等内容（图 5-5、图 5-6）；媒体专业包含摄影，电影—视频，电子媒体等内容（图 5-7）。产品设计专业由设计、理论和技术几方面构成（图 5-8、图 5-9）[1]。整个学业设置为十个学期，前四个学期为基础学期，在第十个学期进行硕士学位考试。

　　经过将近一百年的发展，德国的艺术设计教育，在招生形式、教学管理、教学观念、教学方法、教学内容、专业设置等方面已形成一套严密的科学的教育体系。其特点是具有时代性、兼容性和开放性，显示一种适应性较强的动态特征，同时理论教学与实践教学紧密结合，并强调动手能力和应用能力。[2]课程制定则是从多学科交叉的角度出发，培养学生的创造力、想象力以及对材料、

---

[1]　图片来自：许鉴的平面设计博客 http ://blog.sina.com.cn/xujian1979。

[2]　黄梅，《德国美术教育》，（长沙：湖南美术出版社，2000），第 50 页。

图 5-8 产品设计专业习
作，2012 年（左）
图 5-9 产品设计专业习
作，2012 年（右）

工艺和技术的了解和掌握的能力，也为学生将来从事艺术工作提供广阔的视野。这样一种开放型的教学体系保证了学生在专业的学习过程中具有最大的自由度，更好的发挥学生的创造力。

5.2 21世纪初德国现代设计教育发展趋势

21 世纪初，全球社会仍处在一场远未完成的巨变之中——由工业经济主导向知识经济主导的社会转变发展。这一变化是以知识为核心，并由知识发展所推动的。知识发展、职业劳动的变化、现代信息技术的应用、市场化和经济全球化达到新的阶段等状况，是这场巨变已经体现出来的重要特征，也给高等教育带来了严峻的挑战，从而开始产生高等教育大众化、私营化、终身化和国际化的态势。

21 世纪初高等教育思想对艺术设计教育教学领域产生着影响，体现为两个明显趋势：一是在信息技术的条件下设计教育的教学如何发展的问题，即教学如何信息化的问题；另一个是在终身教育和教育创新的条件下设计教育的教学如何发展的问题，其中的一个重要方面是设计教育的教学如何增强其选择性。科技是第一生产力，艺术结合技术，这一观念是德国现代设计教育的指导方针。在进入信息时代、电子计算机时代和高科技时代的德国社会，呼唤设计教育的信息化、系统化、高科技化。经济与市场的迅速变化，刺激现代设计教学并促使其做出快速的积极反应。而以电子计算机为代表的现代高科技手段在越来越大的范围内取代传统的设计手段，关于信息科学、系统论、电子计算机原理和应用、生态学、行为科学、环境科学等知识以及相关能力，已经或正在成为当代设计师必备的素养，而与设计紧密相关的 CAD、CAM、虚拟现实技术、人工智能控制、生物软科学等新兴学科均包含较高的科技含量，更是设计专业学生必须掌握的主要知识结构之一。

涉及艺术设计今后的发展趋势，一些德国学者认为，将来的"设计工作"会变得更为重要，专业人士正从一种基本上是围绕怎样掌握制造技艺来进行思考的技术，过渡到一种对程序设计语言以及使程序合理化进行思考的技术。并且未来的艺术设计逻辑所反映的，将是程序技术标准，这意味着未来的工业设计则是更突出人性化的诉求，实现"艺术、科技与人文的统一"，既满足实用性，还具有人文价值，并因此对设计人员提出了较高的整体素质要求：他（她）能跨越科学文化、技术文化和人文文化的沟壑，以合理诠释为基础，对世界实施可控的干预，即能通过创造性的规划与实践，解决人、自然、社会之间的矛盾。很显然，人的这样一种善于跨学科协调关系的品质，是人们所期望的艺术设计人才整体素质的较为理想的表现。

参考文献

[1] 何人可 . 工业设计史 [M]. 北京：北京理工大学出版社，2000.

[2] 李乐山 . 工业设计思想基础 [M]. 北京：中国建筑工业出版社，2007.

[3] 王受之 . 世界现代设计史 [M]. 北京：中国青年出版社，2002.

[4] 许平 . 视野与边界：艺术设计研究文集 [M]. 南京：江苏美术出版社，2004.

[5] 许平，周博 . 设计真言 [M]. 中央美术学院设计学院史论部编译 . 南京：江苏美术出版社，2010.

[6] 黄坤锦 . 美国大学的通识教育 [M]. 北京：北京大学出版社，2010.

[7] 潘懋元 . 现代高等教育思想的演变 [M]. 广州：广东高等教育出版社，2008.

[8] 清华大学美术学院中国艺术设计教育发展策略研究课题组 . 中国艺术设计教育发展策略研究 [M]. 北京：清华大学出版社，2010.

[9] （日）利光功 . 包豪斯：现代工业设计运动的摇篮 [M]. 刘树信译 . 北京：中国轻工业出版社，1988.

[10] （英）弗兰克·惠特福德 . 包豪斯大师和学生们 [J]. 陈江峰，李晓隽译 . 艺术与设计杂志特刊 . 北京：艺术与设计杂志社，2003.

[11] （美）大卫·瑞兹曼 . 现代设计史 [M]. 王栩宁，刘世敏，李昶，等译 . 北京：中国人民大学出版社，2007.

[12] （德）伯恩哈德·E·布尔德克 . 产品设计——历史、理论与实务 [M]. 胡飞译 . 北京：中国建筑工业出版社，2007.

[13] （英）雷纳·班汉姆 . 第一机械时代的理论与设计 [M]. 丁亚雷，张筱膺译 . 南京：江苏美术出版社，2009.

[14] （美）路易斯·卡普兰 . 拉兹洛·莫霍利·纳吉 [M]. 陆汉臻，朱琼，聂玉莉译 . 杭州：浙江摄影出版社，2010.

[15] （德）赫伯特·林丁格尔 . 乌尔姆设计——造物之道 [M]. 王敏译 . 北京：中国建筑工业出版社，2011.

[16] 桂宇晖 . 契合与发展——包豪斯与中国设计艺术的关系研究 [D]. 东南大学博士学位论文，2005.

[17] 周博 . 行动的乌托邦——维克多·帕帕奈克与现代设计伦理问题 [D]. 中央美术学院博士学位论文，2008.

[18] 徐昊 . 乌尔姆设计教育思想研究 [D]. 中央美术学院博士学位论文，2010.

[19] 姚民义 . 为实现包豪斯理想而奋斗——莫霍利·纳吉设计教育理念研究 [D]. 中央美

术学院博士学位论文，2012.

[20] Laszlo Moholy-Nagy.Vision in Motion[M].Chicago：Paul Theobald，1947.

[21] Rainer K，Wick. Teaching at The Bauhaus[M]. Ostfildern：Hatje Cantz，2000.

[22] Richard Kostelanetz. Moholy-Nagy——An Thology[M]. Da Capo Paperback. New York：Praeger，1970.

[23] Krisztina Passuth. Moholy-Nagy[M]. London：Thames and Hudson，1987.

[24] Victor Margolin. The Struggle for Utopia——Rodchenko，Lissitzky，Moholy-Nagy，1917-1946[M]. Chicago：University of Chicago Press，1997.

[25] Frederick A Horowitz，Brenda Danilowitz. Josef Albers——to open eyes：the Bauhaus，Black Mountain College，and Yale[M]. New York：Phaidon，2006.

后　记

凡是从设计院校深造过的人，没有谁会不知道大名鼎鼎而彪炳史册的包豪斯，但若要问起"包豪斯究竟是什么"，也没有谁能真正说得清。我自身从事设计基础教研活动多年，一直对德国设计深怀仰慕之情，并深切关注在包豪斯和乌尔姆方面的研究进展状况，即使已经熟悉了该方面的详细材料，但得到的认识仍是概念化的、片段的、肤浅的，对于德国现代设计教育整体面貌的观察无异于"盲人摸象"。虽然包豪斯在近年来已成为显学，但国内现阶段尚无有关德国现代设计教育全貌的研究成果。到目前为止，国内艺术设计学界对德国现代设计教育研究多是关于包豪斯或乌尔姆以及斯图加特造型学院的个案范围的探讨，仍缺乏对其历史发展整体关系的认识。

本书的选题及内容首先是来自我在清华大学美术学院（原中央工艺美院）的老同学江滨教授的精心策划与具体安排，写作过程中时常得到他的建议和鼓励，他是促使本书得以完成的推手。

本书写作的目的在于尝试全面梳理与评述德国现代设计教育思想近一百年来发生及发展的完整过程与趋向，以使读者对德国现代设计教育理念初步形成整体的认识。事实上，影响一个国家或机构关于教育的因素来自多方面，其政治、经济、社会、科技与文化等方面的势力，有时比教育本身的力量还要大，例如从包豪斯到乌尔姆相继所经历的两次兴衰，在较大程度上都是取决于外部环境的促进和保守势力的干扰。因而，研究德国的设计教育，除了注重教育本身内在的因素之外，教育外在的政治、经济、社会、文化等力量，也是不容忽视的。本书便是从左右德国现代设计教育的外在因素出发，以历史发展的阶段为脉络进行探讨。

总体而言，德国现代设计教育思潮在近百年来经历了几次大的改变：首先，20世纪初期，包豪斯"艺术与技术相统一"教学体系的产生开创了现代设计教育的先河；其次，20世纪中叶，芝加哥"新包豪斯"开展的"艺术与科学和技术相统一"的通识教育是对包豪斯思想的发扬光大；再次，20世纪中后期，乌尔姆设计学院的出现，彻底转变了长期以来根植于手工业的设计传统，进入到现实社会高度工业化的规范之中，提出了一项与社会和科学相适应的纲领，形成了以科学为基础，将设计与科技紧密结合的方法论和系统设计理论，以寻求新的问题解决方法和可行措施；最后，21世纪伊始，高度理性化的德国现代设计教育传统面临着在信息技术的条件下设计教育的教学如何发展的问题，其中的一个重要方面就是设计教育的教学如何增强其整合力与选择性。由此可以看出，德国设计教育思潮呈波浪式发展态势，经历了理性—经验—科学—兼容的发展过程。

至今，包豪斯和乌尔姆仍在向建筑、设计和艺术中注入活力，我们对其设计理论和教学模式进行研究，并非只是借鉴其某种方法，而要思考应当如何发扬其积极探索、勇于创新的精神。很明显，这种精神与德意志制造联盟、包豪斯及乌尔姆的精神本质上是一脉相承的。

最后，感谢中国建筑工业出版社的工作人员为本书稿件的编辑和整理所付出的辛劳。

图1-3 multiquick 榨汁机，布劳恩出品，2012 年

图1-4 布劳恩公司德国某专卖店一侧，1999 年

"Design is not a profession but an attitude... Thinking in complex relationships."
- László Moholy-Nagy

图2-20 莫霍利·纳吉，1925 年

图 3-1　黑山学院院徽，阿尔伯斯设计，1933 年

图 4-18　汉莎航空公司的企业识别系统之一，艾舍等人设计，1963 年

图 4-12　古格洛特设计的布劳恩 Sixtant 系列剃须刀，1961 年

图 5-2 视觉通讯专业工作坊实习，2012 年

图 5-3 艺术专业绘画习作，2012 年

图 5-4 艺术专业雕塑习作，2012 年

图 5-5 通讯设计专业习作，2012 年

图 5-6　通讯设计专业习作，2012 年

图 5-7　媒体设计专业习作，2012 年

图 5-8　产品设计专业习作，2012 年

图 5-9　产品设计专业习作，2012 年